KB191065

결국 해내는
아이들의 비밀

일러두기

1. 이 책은 2020년 출간된 『뇌 맘대로 크는 아이』의 개정증보판입니다.
2. 이 책에 등장하는 사례들에 사용된 이름은 가명으로, 개인 정보가 드러나지 않도록
   일부 내용을 재구성했습니다.

ADHD에서 틱장애까지
부모라면 꼭 알아야 할 두뇌 발달 공식

결국 해내는 아이들의 비밀

노충구 지음

라곰

집중하지 못하는 아이들의 공통점

"아이가 산만하고, 집중을 잘 못하는데 왜 그럴까요?"

"우리 아이가 또래 아이들보다 좀 늦된 것 같은데 괜찮을까요?"

아이에 대한 걱정으로 저를 찾아오신 부모님과 상담하는 시간이 저에게는 하루 중 가장 중요한 일과입니다. 주의가 산만하고 집중을 잘 못하는 아이, 예민하고 긴장을 많이 하는 아이, 허약하고 자주 아픈 아이, 또래 아이들보다 발달이 늦은 아이까지. 부모에게는 아이에 대한 걱정 한두 가지쯤은 늘 따라붙게 마련입니다.

어느 아이들이나 성장 과정에서 일시적으로 이런 문제들을 겪으면서 크지만, 이런 증상이 계속된다면 문제는 심각해집니다. 한시도 가만히 있지 못해서 학교에서 계속 지적받는 ADHD(주의력 결핍 과다행동장애) 아이도 있고, 일상생활이 불편할 정도의 강박증이나 신체의 일부분을 반복적으로 움직이는 틱장애를 겪는 아이도 있습니다. 공부를 힘들어하거나 책상에 오래 앉아 있는데도 성적이 안 나오는 학습장애 아이, 게임과 스마트폰에 중독된 아이도 있고, 언어 발달이 늦거나 사회성 발달이 늦은 아이까지…… 정도의 차이가 있을 뿐 다양한 뇌 발달 문제로 병원을 찾는 아이들이 갈수록 늘고 있습니다.

아이를 데리고 내원하는 부모들의 바람은 단순합니다. 우리 아이가 건강하고 밝게 자라서 세상 속에서 원하는 바를 이루며 살아가는 것.

두 아이의 아빠로서 저도 그런 부모 마음을 모르지 않습니다. 첫아이가 태어났을 때, 세상을 다 가진 것 같은 기쁨을 느낌과 동시에 아이에게 펼쳐질 세상이 오롯이 제 어깨 위에 무거운 책임감으로 내려앉았던 기억이 선명합니다. 아이가 세상에서 건강하고 행복하게 살기를 바라지 않는 부모가 있을까요? 그런데 아이가 자라면서 또래 아이들과 다르게 어딘가 예민하고 산만하거나 성장이 더디다고 느껴지면 부모는 걱정과 불안이 깊어집니다.

그래서 상담할 때면 저 역시 부모님의 말 한마디 한마디를 허투루 넘기지 않으려고 합니다. 아이들과 가장 가까이에서 생활하는 부모님의 한마디 속에 아이들이 겪고 있는 증상의 단서가 있을 수 있고, 치료의 힌트가 숨어 있을 수 있으니까요. 부모님이 대수롭지 않게 여기고 넘어가는 아이의 행동 속에 변화할 가능성이 숨어 있을 수도 있습니다. 아이들에게서 그런 가능성을 발견하는 때가 저에게는 가장 보람 있는 순간입니다.

저를 찾아오는 부모님들은 대부분 아이 문제로 크든 작든 가슴속에 응어리가 있습니다. 부모의 마음처럼 자라지 않는 아이 때문에 불안과 걱정으로 밤을 새우기도 하고, 문제 행동을 일삼는 아이를 탓하기도 합니다. 그리고 부모로서 자신이나 배우자를 탓하는 마음들이 복잡하게 얽혀 있기도 하지요.

아이의 행동이 도저히 이해가 가지 않는다며 답답해하거나 못마땅해하는 부모님들에게 항상 건네는 말이 있습니다.

"그건 아이 탓도 아니고 부모 탓도 아닙니다. 아이들도 잘하고 싶은데, 마음대로 되지 않는 것뿐입니다. 그러니 누구의 탓으로 돌려봤자 문제를 해결하는 데는 전혀 도움이 되지 않습니다."

그 사실을 깨달을 때, 비로소 문제의 본질인 '뇌'에 집중할 수 있지요.

제가 아이들의 두뇌 발달을 연구한 지도 20년이 넘었습니다. 그 과정에서 수많은 부모와 성장기 아이들을 만났고, 수만 건의 치료 사례를 쌓아왔습니다. 그런데 내원하는 부모들과 상담하면 공통적으로 마주하는 아쉬움이 있었습니다. 아이에 대한 사랑은 누구보다 지극하지만 정작 아이에 대한 이해는 너무 부족하다는 것이었습니다.

아이를 제대로 이해하려면 우리는 아이의 '뇌'에 대해서 알아야만 합니다. 제게도 아이가 있습니다. 그중 첫째 아이는 어려서부터 예민하고 산만한 편이었는데, 학년이 올라갈수록 그 정도가 더욱 심해졌죠. 한번은 엄마에게 대드는 모습을 목격하고 크게 야단쳤더니 악을 쓰듯 소리를 지르며 문을 쾅 닫고 자기 방으로 들어가버렸습니다. 처음 겪는 반항에 저도, 아내도 적잖이 당황했지요. 어떻게 해야 할지 몰라 망설이다 다음 날이 되었는데, 아이 방 앞에 쪽지가 하나 놓여 있었습니다.

"내가 엄마 아빠 딸이라서 미안해."

그 문장을 본 순간 마음이 먹먹해지면서 눈물이 차올랐습니다. 실은 아이도 잘하고 싶었지만 그게 말처럼 쉽지 않았던 것입니다. 집중하고 싶어도 자꾸 다른 것들이 눈에 들어오고, 사소한 자극에도 예민하게 반응했던 거죠. 새 학기가 되면서 늘어난 학업에 대한 부담, 높아진 학습 난이도 때문에 아이의 뇌가 포화상태가 된 탓에 안 그러려고 해도 자꾸 짜증이 났던 것입니다. 자신도 잘하고 싶은데 스스로 한계 안에서 힘들어했을 아이의 마음이 고스란히 느껴졌습니다.

아이의 뇌 상태를 이해하자 해결 방법은 의외로 단순했습니다. 아내와 상의해서 가장 먼저 학원 스케줄을 줄이기로 했습니다. 아이의 과부하 된 뇌를 쉬게 해주고, 딸아이가 가진 뇌 불균형 문제를 개선할 수 있는 생활 속 실천 방법들을 고안하면서, 시간을 두고 아이의 변화를 지켜보기로 했습니다. 부모 마음대로, 아이 마음대로 크는 것이 아니고 아이들은 그저 '뇌 맘대로' 크는 것임을 딸아이의 쪽지를 통해 깨달았습니다.

아이가 성장하는 것은 다름 아닌 '뇌가 성장하는 것'입니다. 성장기 아이들에게 일어나는 대부분의 문제는 아이의 뇌가 발달하는 과정에서 변화에 적응하지 못하거나 뇌의 불균형 문제로 일어나는 일들이지요. 한마디로 뇌에 대한 기본적인 이해만 있다면 양육 과정에서 맞닥뜨리는 많은 일들을 현명하게 넘길 수 있다는 말입니다. 미운 네 살이나 골칫거리 일곱 살, 사춘기라고 일컬어지는 시기도 따지고 보면 아이들의 뇌가 전폭적으로 성장하는 과정에서 그 성장을 감당하지 못해서 일어나는 '성장통'이라고 할 수 있습니다.

아이들은 부모의 잔소리만으로 변하지 않습니다. '뇌'가 변화하지 않으면 '나'는 변하지 않기 때문입니다. 뿌리가 튼튼한 나무가 크고 웅장한 나무로 자랄 수 있는 것처럼 우리 아이들도 두뇌가 튼튼해야 몸과 마음이 건강하게 성장할 수 있습니다. 그래서 아이를 무조건 바꾸려고 하기보다는 두뇌의 관점에서 아이를 지켜봐주고 두뇌 성장의 원리에 따라 균형 있게 키우는 것이 중요합니다.

요즘 아이들은 어렸을 때부터 영상이나 스마트폰에 과도하게 노출되어 있고, 인스턴트식품, 당, 정제 탄수화물 음식, 인공첨가물이 들어 있는 음식들을 먹으며 자라고 있습니다. 이런 성장 환경은 아이들의 뇌를 더 민감하게 만들고 뇌 불균형을 심화시킵니다. 그러다보니 과거보다 예민하고 산만한 문제를 가진 아이들이 더욱 많아졌습니다.

이러한 환경에서 아이들을 잘 키워야만 하는 부모님들에게 아이의 두뇌 발달 단계에 따른 가이드라인을 전해줄 수 있으면 좋겠다고 생각해왔습니다. 발달하는 과정에서 꼭 거쳐야 하는 단계들을 균형 있게 밟아온 뇌는 스스로 건강하고 행복한 삶을 창조할 수 있습니다. 그런데 어느 한 시기라도 제대로 넘기지 못했거나 필요한 것들이 채워지지 않으면 우리 뇌는 자신의 무한한 가능성을 꽃피우지 못합니다. 결핍되고 위축된 '불균형한 뇌'는 결국 한 사람의 인생에 부정적인 영향을 미치는 것이지요.

뇌의 문제는 신경망이 형성되고 만들어지는 성장기에 다루는 것이 무엇보다 중요합니다. 우리 뇌는 죽을 때까지 변화할 수 있지만, 성장기에 가장 중요한 기본적인 신경 구조가 만들어지기 때문에 이때의 뇌 발달 과정이 매우 중요합니다. 만약 이때 뇌의 기본적인 틀이 제대로 형성되지 못하면 신경의 부정적인 패턴이 고착화되어 삶 속에서 지속적으로 건강과 정서, 학습 영역에 문제를 만들게 됩니다. 단순히 예민하고 산만한 문제를 넘어서 주의력 결핍이나 난독증 같은 학습장애나 불안장애, 강박증, 틱장애, 발달장애 등의 신경학적 문제를 겪고 있는 경우도 성장기에 있는 아이들에게는 희망이 있습니다. 아이의 두뇌 상태를 잘 파악하고 부족한 곳의 발달을 도와주는 제대로 된 처방을 해준다면 아이들의 뇌는 거짓말처럼 다시 피어나기도 하니까요. 그러려면 부모가 먼저 아이의 뇌가 성장하는 단계를 이해하고, 시기에 따라 적절한 양육 방식을 실천해야 합니다.

이 책을 쓰면서 20여 년간 아이들의 두뇌 발달을 치료해오면서 부모님들께 늘 해주고 싶었던 이야기를 정리할 수 있었습니다. 우리 아이가 잘 크고 있는 건지, 혹시 문제가 있는 것은 아닌지 걱정이 끊이지 않는 부모들에게 아이의 두뇌 발달 단계에 따라 살펴야 할 것들을 조목조목 짚어주려고 애썼습니다. 도무지 아이의 행동이 이해되지 않을 때, 곁에 두고 읽으면서 적절한 양육 방식을 선택할 수 있다면, 성장기 아이들과 함께하며 겪는 많은 문제를 수월하게 넘길 수 있을 것입니다.

차례

2장. 뇌 발달과 공부의 상관관계

3장. 뇌가 만드는 마음의 문제

4장. 두뇌의 역습 I ADHD

5장. 두뇌의 역습 II 발달장애

6장. 두뇌의 역습 III 틱장애

7장. 뇌와 함께 자라는 아이들

1장

뇌를 알면
보이는 아이들

악성 쌍둥이
틱 환자를 만나다

20년 전, 악성 틱장애를 앓고 있는 쌍둥이 환자 승현 승훈이가 병원에 찾아온 적이 있었습니다. 지금이야 틱장애가 많이 알려졌지만 당시만 해도 이름조차 생소한 질환이었습니다.

승현 승훈이는 상담하는 내내 눈을 깜빡이고 고개를 시계추처럼 좌우로 움직이면서 한시도 가만히 있지를 못했습니다. 고개뿐만 아니라 몸까지 휘청거려서 똑바로 걷기 힘들 정도였고 일상생활도 거의 불가능한 상태였습니다. 틱 증상이 너무 심하다 보니 학교도 갈 수가 없었고 공부는 아예 손을 놓은 상태였습니다. 그런 아이를 한 명도 아니고 두 명이나 돌봐야 하니, 부모님의 심정이 어땠을지 감히 상상하기조차 어렵습니다.

"선생님, 방법이 없을까요?"

어머니의 얼굴에는 지친 기색이 역력했습니다. 저를 찾아오기 전에 이미 두세 군데 대학병원에서 진료를 본 상태였고, 재활센터 등 안 가본 데가 없다고 했습니다. 게다가 승현 승훈이는 대학병원에서 처방받은 정신과 약을 4년째 복용하고 있었습니다. 이미 최고 용량을 사용하고 있는데도 불구하고 상태는 전혀 나아지지 않고 더 심해지고 있었습니다.

벌써 몇 년째 일상생활이 어려울 정도로 심각한 질환을 앓고 있는 아이들을 과연 치료할 수 있을지, 솔직히 자신이 없었습니다. 하지만 지푸라기라도 잡는 심정으로 찾아온 모자를 그냥 돌려보낼 수도 없었습니다.

승현 승훈이는 이미 현대의학 측면에서 할 수 있는 것은 모두 시도해봤지만, 더 이상 방법이 없는 상태였습니다. 저는 한의학적인 관점에서 틱장애를 연구하기 시작했습니다. 한의학에서는 몸의 어느 한 부분에 이상이 생겼을 때 그 부위의 증상 치료에만 초점을 맞추지 않고 몸 전체를 통합적으로 바라보고 접근합니다. 병이란 인체의 균형이 깨져서 약해진 부분이 겉으로 드러나는 것이니, 인체의 균형을 바로잡아 몸 전체의 면역력과 치유력을 향상시켜 증상이 스스로 치유되도록 하는 것입니다.

쌍둥이 아이들의 몸을 세밀하게 살펴보면서 틱이 일어나는 기전을 탐구하기 시작했습니다. 틱장애는 기혈(氣血)이 흐르는 경락의 흐름이 막히면서 신경 작동에 오류가 생기는 현상이었습니다. 그렇다면 틱 증상을 억제하는 약을 쓰기보다는 경락의 균형을 잡아주면서 몸의 신경 시스템이 정상화될 수 있도록 해야 합니다. 그렇게 치료의 방향을 잡고 점진적으로 상태를 지켜보기로 했습니다.

치료를 시작한 지 4개월쯤 지나자 승현 승훈이의 증상이 눈에 띄게 호전되기 시작했습니다. 한시도 가만히 있지 못하던 아이들의 틱 증상이 조금씩 개선되더니 점차 잦아들었고, 어느 순간 드라마틱한 변화를 보였습니다. 점점 나빠졌던 방향과 정반대로 한 단계씩 호전되는 느낌이었습니다. 오랜 시간 동안 어떤 치료에도 효과가 없던 증상들이 호전되면서, 일상생활이 가능해지고 다시 학교도 다닐 수 있게 됐습니다. 아이들의 부모님도 기뻐하고 신기해하며 틱장애를 치료할 수 있다는 희망을 품었지요. 틱 증상을 억제하기 위한 치료가 아니고 몸의 불균형한 부분을 찾아서 개선하는 통합적인 치료를 진행했습니다. 15개월의 치료가 끝나고 진료를 마칠 즈음에는 틱 증상이 개선됐을 뿐만 아니라 정서적 안정과 집중력 향상까지 다다를 수 있었습니다.

제가 본격적으로 성장기 아이들의 뇌 질환을 치료하기 시작한 계기가 바로 이 쌍둥이 형제의 치료 과정이었습니다. 뇌신경계 질환인 틱장애를 치료하는 과정에서 한의학적인 관점을 통해 뇌의 작용 원리를 깨달으며, 뇌와 신경이 어떻게 작용하는지, 그리고 몸과 마음에 어떤 영향을 주는지 이해할 수 있었습니다. 이후 여러 틱장애 환자들을 치료하면서 입소문을 탔습니다. 틱장애뿐만 아니라 ADHD, 발달장애, 학습장애 같은 성장기 아이들의 뇌 불균형 문제를 본격적으로 다루며, 지금까지 수만 건 이상의 치료 사례를 확보했습니다.

"아무 이유 없이
아이가 변했습니다"

한창 한의학을 공부하고 있을 때 드라마 〈대장금〉을 재미있게 보았습니다. 장금이가 궁에 들어와서 스승에게 수련을 받을 때의 일입니다. 스승이 장금이에게 숙제 하나를 내줍니다.

"물 한 잔을 떠 오너라."

장금이는 아무 말 없이 냉큼 물을 떠 옵니다. 그러자 스승이 쳐다보지도 않고 퇴짜를 놓습니다. 장금이는 스승이 왜 퇴짜를 놓는지 알 수 없어 당황하지요. 그리고 다음 날, 스승은 또 장금이에게 물을 떠 오라고 시킵니다. 장금이는 이번에도 물을 떠 가지만 스승은 쳐다보지도 않습니다. 그렇게 매일 아침 같은 숙제가 주어집니다.

장금이는 맹물을 떠갔다가 퇴짜를 맞으니 간이 안 맞아서 그런가 하고 소금을 조금 탑니다. 어떤 날은 너무 급하게 드시다 체하실까 하여 잎을 동동 띄운 물을 가져가기도 합니다. 그래도 퇴짜를 맞자 새벽 일찍 일어나 정성을 들인 지장수를 대령하기도 합니다. 그러나 스승은 한 번도 장금이가 가져간 물을 마시지 않았습니다.

장금이는 답답할 노릇입니다. 어찌해야 스승이 원하는 물을 떠다 드릴 수 있는지 통 알 길이 없습니다. 그렇게 매일 아침 물을 떠 가는 숙제를 몇 년째 반복하며 고민을 거듭하던 장금이가 어느 날 "아!" 하고 깨닫습니다. 그러고는 스승 앞에 나아가지요.

스승이 물을 떠 오라고 하자 장금이가 당차게 묻습니다.

"속이 안 좋진 않으신지요?"

스승이 그렇진 않다고 하자 장금이가 다시 묻습니다.

"혹시 목이 칼칼하진 않으신지요?"

그러자 스승이 오늘은 목이 좀 칼칼한 것 같다고 대답합니다. 그러자 장금이는 부엌으로 가서 물에 소금을 조금 타서 스승 앞에 놓습니다.

"목이 칼칼할 때는 소금물이 좋다고 합니다."

그렇게 다음 날도, 그다음 날도 장금이는 스승의 몸 상태를 꼼꼼하게 확인한 다음 그에 맞는 물을 대령했습니다.

이 장면을 보면서 크게 깨달은 바가 있었습니다. 그동안 의사로서 환자들을 만났지만 '병'을 치료하려고만 했지 정작 '환자'에 대해서 알려고 하지 않았다는 사실이었습니다. 환자의 병을 이해하려면 우선 환자에 대해 진정으로 알아야 합니다. 아이의 뇌 안의 문제를 이해하기 위해서는 아이에 대해 꼼꼼하게 물어야 합니다.

수영이 어머니가 상담을 요청했습니다. 수영이가 최근 몇 달 사이에 짜증이 너무 심해졌다며, 초등학교 4학년인데 사춘기가 벌써 온 건지, 그도 아니면 이유가 뭔지 모르겠다며 걱정했습니다. 수영이 어머니에게 수영이의 생활환경에 변화가 있었는지 물었습니다.

"글쎄요. 새 학년이 돼서 반이 바뀌긴 했지만 어려움 없이 잘 적응했는데요. 학원도 다니던 곳을 똑같이 다니고 있고요."

어머니는 고개를 갸우뚱합니다. 하지만 아이들의 뇌는 매우 섬세해서 어른들이 대수롭지 않게 넘어가는 일에도 쉽게 부담을 느낄 수 있습니다. 달라진 게 없다는 어머니께 수영이의 스케줄과 환경 변화를 꼼꼼히 확인했습니다. 그럴 땐 흡사 탐정이 사건 현장에서 단서를 찾듯 시시콜콜한 것까지 하나하나 질문합니다.

환경의 변화를 추적한 결과, 수영이는 4학년이 되면서 학원에서 더 높은 레벨로 올라갔음을 확인할 수 있었습니다. 평소 무리없이 소화하던 학습의 난이도가 높아지면서 수영이의 뇌가 과부하 된 것이었습니다. 사춘기라서 이유 없이 짜증이 늘어난 것이 아니라 달라진 환경에, 감당하기 어려운 과제가 연달아 주어지니 스트레스를 적잖이 받았던 것입니다.

"원장님 말씀을 듣고 보니 그런 것 같네요. 그러고 보니 수영이가 학원 가기 싫다는 이야기도 하고 숙제하다가 짜증도 많이 냈던 것 같아요. 아이가 적응하는 게 생각보다 힘들었던 모양이네요."

어머니는 그제야 납득이 간다는 듯 고개를 끄덕였습니다.

이제 원인을 알았으니 문제의 반은 해결된 셈입니다. 새로운 학년이 되고 학원에서도 레벨이 올라가면서 높아진 학습 난이도로 인해 뇌가 과부하 된 상태이니 일단 뇌가 더 부담을 느끼지 않도록 생활환경을 조율하는 것이 중요했습니다. 지친 두뇌를 보완하기 위한 한약을 처방하고, 어머니에게 아이가 어느 정도 적응할 때까지는 학습량을 줄이고 천천히 기다려주는 것이 좋겠다고 조언했습니다.

아이들의 뇌는 자신이 처한 상황에 민감하고 예민하게 반응합니다. 늘 다니던 학원에서도 갑자기 학습 난이도가 높아지면 아이의 뇌는 부담을 느낄 수 있습니다. 친구들 사이에서 말로 표현하기 힘든 갈등이 생겼을 때도 겉으로 드러나지 않는 경미한 우울증을 앓는 경우가 있습니다. 물론 그런 걸 부모가 단번에 알아채기는 어렵겠지요. 하지만 자신이 이해하지 못한다고 해서 아이의 증상을 단순히 '사춘기라서' '성격이 모나서' 그도 아니면 '이유도 없이' 그런다고 쉽게 판단하고 다그쳐서는 안 됩니다.

한의사 입장에서는 아이의 증상에 병리학적 이름을 달아주고, 그에 해당하는 한약을 처방하는 것이 훨씬 깔끔하고 쉬울 수 있습니다. 하지만 아이의 짜증에 병명을 달아준다고 해서 달라지는 것은 없습니다. 아이의 짜증이 사춘기 때문인지, 소아 우울증 때문인지 알았다고 해서 짜증이 사라지는 것은 아니니까요. 그보다는 아이가 짜증을 낸 근본적인 이유를 찾아내고 그 원인을 해결해주어야 진정으로 짜증이 줄어들 수 있겠지요.

아이의 두뇌 발달 단계를 이해하고, 아이의 입장에서 문제를 바라볼 때 이런 오해에서 벗어날 수 있습니다. 보호자와 머리를 맞대고 아이가 처한 상황을 하나하나 점검하다보면 분명히 원인이 드러납니다. 그래서 한약을 처방할 때도 영유아 시기의 발달 상황은 어땠는지, 학교생활이나 친구 관계는 어떠한지, 최근 새로운 학원을 시작했는지, 스마트폰이나 게임은 얼마나 하는지 등을 꼼꼼히 확인하면서 처방합니다. 만약 수영이의 사례처럼 성장 환경 면의 문제가 있다면 함께 해결해주는 것이 중요하겠죠.

병원에서
해결되지 않는 문제들

저를 찾아오는 아이들은 다양한 건강상의 문제를 가지고 있습니다. 잠을 잘 못 자고 자주 깨는 아이, 1년 내내 감기나 비염을 달고 사는 아이, 밥을 잘 안 먹고 배가 자주 아프다고 하는 아이, 설사나 변비를 달고 사는 아이, 야뇨증이 있는 아이, 잘 때 땀을 흘리고 추위와 더위를 많이 타는 아이 등등 양상도 제각각입니다.

물론 이런 아이들이 다른 아이들에 비해 허약할 뿐 병리학적으로 심각한 문제가 있는 것은 아닙니다. 실제로 성장하면서 이런 일 한두 가지쯤 겪지 않고 지나가는 아이는 거의 없다고 봐도 무방하지요. 성장이란 우리 몸이 살아가는 데 필요한 시스템을 만들어가는 과정이고, 아이들은 누구나 안 되는 것들이 되어가는 과정을 겪으면서 성장하는 법이니까요.

문제는 이런 통과의례를 어느 한 시기에 잠깐 거치고 지나가는 것이 아니라 지속적으로 겪는 경우입니다. 잠을 잘 못 자는 아이 때문에 부모가 밤잠을 설치고, 비염이나 감기로 1년 내내 병원을 데리고 다니고, 밥을 안 먹는 아이에게 한 숟가락이라도 더 먹이려고 씨름하다보면 부모도 사람인지라 인내심의 한계를 느낍니다.

그런데 건강 문제로 아이를 병원에 데려가도 특별한 병명이나 처방이 나오지 않는 경우가 많습니다. 부모님들도 대처 방법이 없어 손을 놓고 있을 수밖에 없는 상황인 셈이지요. 하지만 아이가 커가면서도 개선되지 않고 같은 건강 문제가 지속된다면 이때는 내재된 뇌 불균형의 문제를 의심하고 적극적으로 해결해줄 필요가 있습니다. 이러한 문제가 지속될 경우 뇌 발달에 악영향을 줄 수 있기 때문입니다.

제 큰아이는 유아기 때 징글징글하게 잠을 안 잤습니다. 재우려고 눕혀놓으면 한 시간이고 두 시간이고 아빠 배를 타 넘으면서 놀 뿐 잠들 기미를 보이지 않았습니다. 운 좋게 잠들었다가도

30

조금만 소리가 들리면 금세 깼습니다.

아이가 잠을 자지 않으면 부모도 수면 부족에 시달리게 마련입니다. 그러나 그보다 더 큰 문제는 수면 부족으로 인해 아이의 성장 발달에 문제가 생긴다는 점입니다. 인간은 잠을 자면서 많은 정보를 처리하고, 우리 몸도 뇌도 자는 동안 활동을 재정비하면서 성장합니다. 사실 잠을 푹 자는 것만으로 성장 발달에 필요한 많은 문제가 해결되지요. 그런데 아이가 좀처럼 잠을 자지 않는다는 것은 성장하는 데 쓰여야 할 에너지가 누수되고 있다는 뜻이었습니다.

당시에 저는 한의학뿐 아니라 서양의학의 '오스테오파시(Osteopathy)'라는 학문에도 심취해 있었습니다. 오스테오파시는 뇌와 인체에 대하여 심도 있게 다루는 의학입니다. 사람이 숨을 쉬고 호흡하는 것처럼 뇌신경계에는 고유한 리듬이 있고, 그 리듬이 깨지면 몸에 여러 가지 문제가 발생한다고 접근합니다. 미세한 손의 촉진을 통해 인체의 균형이 깨진 곳을 진단하고 치료합니다. 서양의학이지만 한의학처럼 인체를 전체적인 관점에서 다루고 있었습니다. 5년간 오스테오파시 이론을 공부하고 연구하면서 한의학에서 부족하게 느꼈던 뇌에 관한 갈증을 해결할 수 있었습니다.

오스테오파시를 공부하는 동안 저희 아이들이 아프거나 문제가 생길 때마다 오스테오파시의 원리에 근거하여 아이들을 관찰하고 치료했습니다. 첫째 아이는 출산 과정이 오래 걸리고 힘들었다보니 신생아 때 두개골이 약간 뒤틀려 있었습니다. 그러니 뇌의 불균형이 심할 수밖에 없었고, 신경이 예민하니 잠을 잘 자지 못할 수밖에 없었습니다.

내원하는 아이들의 두개골도 이런 방식으로 점검하다보면 증상에 따라 뇌의 구조나 에너지, 리듬이 다름을 알 수 있습니다. 실제로 발달장애가 있는 아이들의 뇌는 상대적으로 리듬이 현저히 약하고 활성도가 떨어져 있고, 자폐스펙트럼인 아이들은 뇌가 돌덩이처럼 딱딱하게 굳어 있는 경우가 많습니다. 뇌의 흐름이 좋지 않은데 뇌 발달이 좋을 수가 없겠지요.

균형 있는 뇌의 발달이 얼마나 중요한지 누구보다 잘 아는 사람으로서, 첫째 아이의 뇌 불균형을 회복해주고 싶어서 진료를 마치고 집에 오면 매일 밤 아이의 머리를 손으로 교정해주다가 잠들었습니다. 또한 뇌의 긴장을 낮추고 수면에 도움이 되는 한약도 먹이고, 수면 환경을 위해 조명을 바꾸고, 신경을 이완하는 백색소음을 들려주는 등 안 해본 것이 없었습니다.

시간이 지나면서 조금씩 예민한 부분이 줄어들면서 잠드는 데 걸리는 시간도 줄어들었습니다. 자다가 중간에 깨서 울거나 잠꼬대하는 문제도 사라지고 아침까지 깨지 않고 푹 자는 데까지는 1~2년이 걸렸습니다. 지금도 예민해서 잠을 못 자는 아이 때문에 힘들어하는 부모님들을 보면 첫째 아이 때의 기억이 떠올라 남의 일 같지 않습니다.

뇌 불균형 문제는 아이의 발달 시기에 따라 조금씩 다른 양상을 띠는데, 특히 5세 이전의 아이들에게는 잠을 자지 못하고, 잘 먹지 못하는 등 건강상의 문제로 드러나는 경우가 많습니다. 밥을 잘 먹지 않는 것은 일차적으로 위장의 문제일 수 있지만 궁극적으로는 소화기관을 담당하는 신경계의 문제입니다. 잠을 잘 못 자는 것 또한 수면 기능을 담당하는 신경계가 제대로 기능하지 못하기에 일어나는 일이지요. 이렇게 아이들이 겪는 건강 문제를 뇌 불균형의 관점에서 바라볼 때, 근본적인 해결책을 찾을 수 있을 뿐 아니라, 불균형으로 인해 뇌 발달이 지연되는 피해를 최소화할 수 있습니다.

아이의 건강 문제로 여기저기 병원을 다녀봐도 병명조차 없거나 별다른 치료법이 없다면 숨어 있는 뇌 불균형 문제가 있는 것은 아닌지 살펴보아야 합니다.

몸과 마음을
하나로 연결하는 한의학

지난 20여 년간 아이들의 두뇌 질환을 치료하면서 가장 많이 들었던 질문은 '한의학으로 어떻게 뇌를 치료하느냐'는 것이었습니다. 인간의 가장 복잡한 기능을 담당하는 뇌를 한의학으로 치료한다는 게 잘 이해되지 않는 모양입니다.

하지만 뇌라는 영역은 한의학적인 관점으로 바라볼 때 오히려 잘 이해되는 측면이 있습니다. 뇌는 단순히 해부학적으로 분석한다고 해서 더 잘 알 수 있는 대상이 아닙니다. 뇌는 인간의 의식을 만들어내는 곳이기 때문이죠.

실제로 수만 명의 환자를 진료하면서 한의학의 원리가 뇌와 신경 질환을 해결하는 데 정확하게 맞아 들어간다는 사실을 수도 없이 확인했습니다. 어떤 방법을 써도 호전되지 않던 증상들이 한의학적인 처방에 근거해 치료하면 증상이 차츰 가라앉고, 심지어 아이들의 얼굴과 눈빛, 자세까지 몰라보게 달라졌습니다. 그럴 때마다 부모님들은 신기해하고 놀라워하지요.

그래서일까요? 저와 인연을 맺은 보호자 중에는 아이의 질환이나 증상이 치료가 다 되었는데도 두뇌 발달을 위해 치료를 지속하시거나 주기적으로 찾아오는 분들이 많습니다. 아이의 병리적인 증상은 개선되었지만 성장기 아이들의 뇌는 지속적으로 균형 있는 발달을 도와주어야 한다는 것을 깊이 공감하고 있기 때문입니다.

한의학에서는 몸과 마음을 하나로 보는 전일적(全一的) 관점으로 인체를 바라봅니다. 특히 뇌를 원신지부(元神之府, 정신, 의식 등의 기능을 뇌에서 한다는 뜻)라 하여 신체와 정신을 연결해주는 중요한 부위로 보고 있습니다. 또한 현대 뇌과학이 뇌의 특정 부위와 감정을 연결해 분석하기 훨씬 이전부터 한의학에서는 인간의 감정과 사고 같은 뇌 기능을 오장육부와 연결해서 진단했습니다. 뇌를 마음과 몸을 연결하는 근원으로 바라보았죠.

좌뇌와 우뇌의 차이

한의학에서는 모든 자연은 음(陰)과 양(陽)으로 나뉘어 항상 변화하고 있으며, 인체를 '소우주'라 하여 자연의 흐름과 다르지 않다고 봅니다. 뇌도 이러한 관점으로 바라볼 수 있습니다. 사람의 뇌는 좌뇌와 우뇌로 나누어져 있습니다. 한의학에서 좌측은 양, 우측은 음에 해당한다고 보는데 뇌도 비슷합니다. 좌뇌는 양의 성향인 이성적·논리적 기능을 주로 담당하고, 우뇌는 음의 속성인 감성적·직관적 기능을 주로 담당하고 있습니다.

그리고 좌뇌는 척추를 타고 교차하여 내려와 반대쪽인 우측 신체와 연결되고, 우뇌는 반대쪽인 좌측 신체와 연결됩니다. 한의학에서 '좌병우치(左病右治) 우병좌치(右病左治)'라고 하여 좌측의 병은 우측에서 치료하고 우측의 병은 좌측에서 치료한다는 원리와 비슷합니다. 그래서 제가 활용하는 뇌균형 프로그램도 좌뇌를 발달시키기 위해서 우측 눈, 손, 발을 자극하고, 우뇌 발달을 돕기 위해서 좌측 눈, 손, 발을 자극하는 방법을 사용합니다.

뇌의 삼층 구조와 뇌 발달 3단계

뇌는 상위, 중위, 하위의 삼층 구조로 되어 있는데, 이것은 한의학의 정(精), 기(氣), 신(神)의 원리와 일맥상통합니다. 대뇌 피

질부인 상위 뇌는 주로 인지와 학습을 주관하는 뇌 영역으로, 한
의학에서는 '신'에 해당합니다. 중간에 위치한 변연계가 속하는
중위 뇌는 감정과 욕구를 조절하며 한의학적으로는 '기'에 해당
합니다. 뇌간, 척수가 속하는 하위 뇌는 생명을 유지하는 기능을
담당하며 한의학에서 '정'에 해당합니다.

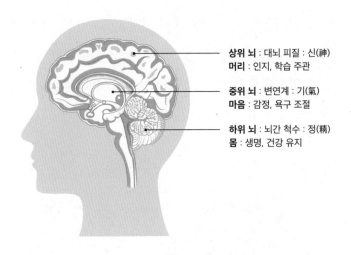

상위 뇌 : 대뇌 피질 : 신(神)
머리 : 인지, 학습 주관

중위 뇌 : 변연계 : 기(氣)
마음 : 감정, 욕구 조절

하위 뇌 : 뇌간 척수 : 정(精)
몸 : 생명, 건강 유지

그리고 정충(精充) 기장(氣壯) 신명(神明)이라고 하여 정이 충만
해져야 기가 확장되고, 기가 확장되어야 신이 밝아진다고 보는
데, 이는 뇌 발달 과정과도 정확히 일치합니다.
　진화학적으로 하위 뇌는 생명 유지를 위한 본능적인 영역으로

'파충류의 뇌'라고 하고, 중위 뇌는 감정을 주관하는 영역으로 '포유류의 뇌'라고 하고, 상위 뇌는 인지적인 영역으로 '인간의 뇌'라고 합니다. 사람의 뇌가 발달할 때 이러한 진화 단계를 차례로 거치는데, 생명 유지와 관련된 하위 뇌가 발달하고 나서 감정을 주관하는 중위 뇌가 발달하고, 중위 뇌가 발달하고 나서 인지를 주관하는 상위 뇌가 발달합니다.

　그래서 아이들의 뇌 발달을 돕기 위한 치료는 반드시 하위 뇌에 해당하는 몸의 건강을 충실하게 채우고, 중위 뇌에 해당하는 정서를 안정적으로 만들고, 그다음에 상위 뇌에 해당하는 인지 발달을 돕는 통합적인 단계를 거쳐야 합니다.

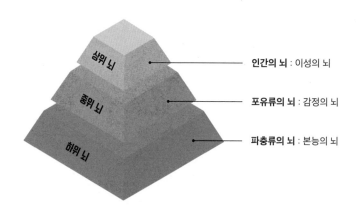

상위 뇌 　　인간의 뇌 : 이성의 뇌
중위 뇌 　　포유류의 뇌 : 감정의 뇌
하위 뇌 　　파충류의 뇌 : 본능의 뇌

뇌 발달 3단계

이처럼 한의학의 관점으로 두뇌를 바라볼 때 우리 몸과 마음을 연결하는 뇌에 대해 더 잘 이해할 수 있었습니다. 그리고 뇌의 불균형이 어떻게 정신적·신체적으로 영향을 미치는지, 나아가 뇌의 불균형 문제를 어떻게 회복해야 할지에 대한 해답을 얻을 수 있지요.

연구와 처방

아이들의 뇌가 성장 발달하고 변화하는 수많은 치료 성과를 확인하면서도 마음 한편에는 늘 갈증이 있었습니다. 부모님들에게 한의학의 원리만으로 아이들의 두뇌가 실제로 좋아질 수 있다는 것을 설명하는 데는 한계가 있었습니다. 뇌를 열어서 보여줄 수 있는 것도 아니고, 뇌가 좋아졌다는 사실을 혈액 검사처럼 정확한 수치로 설명하기도 쉽지 않았기 때문입니다.

과학적으로 치료 성과를 입증할 수 있는 정확한 근거를 마련하기 위해 경희대학교 동서의학대학원 뇌신경학교실에서 '특정 한약 성분들이 뇌의 학습과 기억에 미치는 영향'을 주제로 연구를 시작했습니다. 뇌세포가 손상되어 학습과 기억 능력이 떨어진 쥐들을 두 그룹으로 나눴습니다. 한 그룹은 그대로 두고, 한 그룹은 특정 한약 성분을 복용하게 했습니다. 그리고 두 그룹을 대상으로 수중 미로 실험(물속에서 미로를 찾아 탈출하는 실험)을 진행했습니다. 그러자 한약 성분을 투여한 쥐들이 수중 미로 실험에서 정확한 길을 찾아내는 학습 능력과 기억력이 현저하게 향상된 결과가 나타났습니다.

또한 뇌를 해부하여 변화를 관찰했더니 한약 성분을 투약한 쥐들은 활성화된 뇌신경 세포 수가 증가했고, 뇌신경 세포 사이의 시냅스 연결도 더욱 긴밀해졌습니다. 덕분에 뇌의 신경망이 발달하면서 신경층이 더욱 두터워지는 것을 확인했습니다.

환자들에게 한약을 처방할 때는 개인마다 약한 뇌 영역의 신경 발달과 재생을 도울 수 있는 약재로 처방을 구성합니다. '원지'는 뇌신경 세포를 보호하는 효과가 있으며, '석창포'는 뇌세포를 활성화하여 집중력과 기억력 향상에 도움이 됩니다. '천마'는 뇌 장벽을 직접 통과하여 인지 기능을 개선하고, '산약'은 신경방어 효과와 뉴런 성장의 효과가 있습니다. 이 밖에도 구기자, 오미자, 복분자, 산수유, 인삼, 당귀, 황기, 숙지황 등 뇌세포를 강화해주는 다양한 약재를 환자의 두뇌 상태에 맞춰 처방하고 있습니다. 오랜 치료와 연구 과정을 통해 뇌의 약한 영역에 맞는 처방과 최적의 뇌 활성 약재 비율을 찾아냈습니다.

아이들마다 뇌의 약한 영역을 제대로 진단하고 처방이 이루어졌을 때 한약의 효과는 실로 놀라웠습니다. 발달이 부족했던 부분이 하나씩 채워지면서 다음 발달이 일어나고, 또 그 영역이 충분히 채워져야지만 다음 발달이 이루어지는 식이었습니다. 마치 보이지 않은 성장 지도가 있는 것처럼 아이들의 뇌는 특정한 단계를 거치면서 발달했습니다. 이렇게 뇌가 균형 있게 발달하면서 틱과 ADHD의 증상, 학습 능력, 기억력이 개선되고, 정서가 안정되는 등 뇌와 신경에 관련된 많은 문제가 차츰 해결되었습니다. 다만 뇌의 변화는 한순간에 이루어지는 것이 아니었습니다. 뇌의 변화가 정신과 신체에 긍정적인 변화를 가져오기까지는 두 뇌의 신경망이 발달할 만큼의 충분한 시간이 필요했습니다.

이러한 연구 결과를 바탕으로 SCI급 국제 학술지에 논문을 발표하고 박사학위를 받았습니다. 또한 학습 능력과 기억력 개선, 정서 안정 등에 도움이 되는 약학적 조성물에 관한 특허도 받았습니다. 이러한 과학적인 연구 성과를 통해 '한의학으로 뇌 질환을 치료하는 것이 가능할까'라는 일반적인 편견을 넘어설 수 있었습니다.

아침마다 짜증 내는
아이의 진짜 이유

아이가 자란다는 것은 곧 뇌가 발달하는 과정과 같습니다. 뇌가 제대로 발달해야 걸을 수 있고, 말을 할 수 있습니다. 더 나아가 섬세한 감정들을 조절할 수 있고 학습도 가능해집니다.

성장 발달 과정에서 아이의 뇌가 균형 있게 잘 큰다면 아이의 몸과 마음도 건강하게 자랄 것입니다. 그러나 어떤 이유에서든 뇌가 균형 있게 발달하지 못한다면 몸과 마음은 예민해지고 허약해집니다. 아이가 너무 예민하거나 또래와는 다른 행동들을 보인다면 아이의 뇌 발달이 잘 이뤄지고 있는지 한번 의심해보아야 합니다.

물론 성장기 아이들은 어른들이 보기에 부족한 것투성이입니다. 더구나 뇌가 불균형하게 발달하고 있는 아이라면 예민하거나 산만해지기 쉬워서 문제 행동을 일으킬 확률도 높아집니다. 그럴 때 어른들의 시각이 중요합니다. 아이들의 문제를 단순히 성격이나 의지력의 문제로 판단하지 말고, 두뇌의 발달 과정에서 살펴보아야 합니다.

두뇌의 어떤 영역이 우성으로 발달하고 열성으로 발달하는지에 따라 개인의 특성인 성격과 체질이 결정됩니다. 하지만 여러 가지 요인에 의해서 열성 영역의 발달이 지연되면 뇌 영역 간의 편차가 심하게 벌어지는데, 이를 뇌 불균형 상태라고 합니다.

아이의 행동이 문제라고 여겨질 때는 두뇌 특성에 따른 성격이나 기질로 이해할 것인지, 뇌 불균형으로 인한 문제 상황으로 보아야 할지 구분할 필요가 있습니다. 실제 치료 과정에서 이를 구분하는 것은 결과를 예측하는 데 있어서 매우 중요합니다.

준우는 매일같이 화를 내고 참지 못해서 분노조절장애로 내원했습니다. 학교와 학원에서는 별다른 문제 없이 생활하는데, 집에서는 별것도 아닌 일에 심하게 화를 내고 소리를 지르며 심하면 물건을 던지기도 했습니다. 어머니는 준우가 가족 중에서도 유독 자신에게만 짜증이 심하다고 하소연했습니다. 벌써 3개월째 치료를 받고 있는데 짜증이 전혀 줄지 않는다고 했죠.

"아이가 3개월째 치료 중인데 달라진 점이 전혀 없다는 건가요?"

"그렇다니까요. 원장님, 아직도 똑같아요. 잠도 전보다 잘 자고 비염도 많이 좋아지긴 했는데, 짜증 내고 화내는 것은 여전해요. 저한테만 어찌나 짜증을 내는지…… 힘들어 죽겠어요."

어머니는 진저리를 쳤습니다. 단순히 병리적인 문제였다면 준우에게 긍정적인 변화가 나타나고도 남을 시간이었습니다. 그런데 아무 변화가 없다고 하니 의문이 생겼습니다. 치료를 계속하고 있는데 증상이 호전되지 않는다면 거기에는 분명히 이유가 있습니다. 아직 우리가 그 이유를 알지 못할 뿐이지요.

"준우가 주로 언제 짜증을 내나요?"

"아침에 일어날 때 제일 심해요. 제가 8시쯤 학교 가라고 깨우면 그때부터 신경질을 내기 시작해요. 매일 아침 아이 짜증을 받아내느라 지옥이에요, 지옥."

"잠을 늦게 자나요?"

"아니요. 저녁 9시 반이면 잠자리에 드는걸요."

어머니 말에 따르면 준우는 저녁 9시 반부터 오전 8시까지 꼬박 열 시간 정도를 자고 있었습니다. 그렇다면 잠이 부족한 건 아니었죠.

고개를 갸웃거리자 어머니가 한마디 덧붙입니다.

"사실 우리 준우가 자기 전에 6시 반쯤 깨워달라고 해요. 그런데 초등학생이 그렇게 일찍 일어나서 뭐해요? 항상 잠이 부족해서 짜증이 많은데, 푹 자라고 학교 갈 때까지 깨우지 않고 자게 놔둬요."

뭔가 짚이는 게 있었습니다.

"준우가 저녁에는 규칙적으로 일찍 잠들고, 아침에는 일찍 일어나기를 원한다는 말씀이죠?"

"네. 맞아요."

"혹시 어머님이 아버님과 생활 패턴이 다른가요?"

"네, 맞아요. 남편은 아침형 인간이고 저는 저녁형이에요. 패턴이 아주 달라요."

"그럼 혹시 아이의 할머니 할아버지도 남편분과 같은가요?"

그러자 어머니가 진지하게 대답했습니다.

"어떻게 아셨어요? 시댁 식구들이 다 그래요."

이쯤 되면 답이 나온 셈입니다. 준우가 아버지 쪽 생활 패턴을 물려받은 것이지요.

"준우가 아버지 쪽 생체리듬을 갖고 있네요. 준우한테는 저녁에 일찍 자고 아침에 일찍 일어나는 것이 리듬에 맞아요. 그러니 준우 리듬에 맞춰주시는 게 어떠세요?"

그런데 제 말에 어머니 표정이 탐탁지 않습니다.

"아니, 아직 어린아이인데요. 애들은 되도록 많이 자는 게 좋지 않나요? 고등학생도 아니고 무슨 초등학생이 벌써부터 새벽에 일어나요? 안쓰러워서 못 깨우겠어요."

준우가 아버지를 닮아서 아침 일찍 일어나기를 원하는데, 어머니는 아이가 안쓰럽다는 이유로 깨워주지 않은 것입니다. 사정을 들어보니 준우는 학교 가기 전에 해야 할 숙제가 있었던 모양입니다. 준우는 아침에 일찍 일어나서 숙제를 하려는 계획을 세웠는데, 엄마가 깨워주지 않으니 하루 시작부터 계획이 틀어져 짜증이 났던 것이지요.

결국 준우의 분노조절이 안 되는 문제는 엄마가 아이의 두뇌 특성을 잘 이해하지 못해서 벌어진 것입니다. 어머니와 아들은 두뇌 유형이 완전히 달랐습니다. 어머니는 감성적이고 느긋한 성격으로 여유 있는 생활 리듬을 갖고 있는 두뇌 유형(협력형)이었습니다. 자신이 일찍 일어나는 게 힘드니 당연히 아이도 힘들 거라고 여기고 아이를 위해서 일찍 깨우지 않은 것입니다. 반면에 아이는 이성적이고 규칙과 규율을 중시하며 자기만의 원칙을 지키기를 원하는 두뇌 유형(원칙형)이었습니다.

아이가 짜증을 내는 이유를 알았지만, 어머니는 여전히 탐탁지 않아 했습니다. 사실 아침잠이 많은 어머니가 아이를 깨우기 위해서 매일 아침 일찍 일어나는 게 쉬운 일은 아닐 테죠. 하루이틀도 아니고 오랫동안 자신과 맞지 않는 생활 패턴을 지속해야 하니까요. 망설이는 어머니에게 실천할 수 있는 구체적인 방법을 제안했습니다.

"어머니도 힘드시죠? 모든 걸 어머니가 다 하실 필요는 없어요. 준우가 필요해서 깨워달라고 부탁하는 건데 왜 꼭 엄마가 깨워줘야 하나요? 준우에게 알람 시계를 사주고 스스로 맞춰놓고 일어나라고 하세요. 아침 시간이 어머니에게는 중요한 휴식 시간임을 준우에게 분명하게 인지시켜주고요."

"애가 일찍 일어나면 밥도 차려줘야 하는데……."

어머니가 말끝을 흐렸습니다.

"아침밥을 꼭 먹어야 한다면 어머니가 일어난 후에 차려줄 수 있다고 알려주세요. 만약 그 시간까지 기다리기 어렵다면 전날 밤에 음식을 차려놓고 잘 테니 스스로 알아서 데워 먹으라고 하시면 돼요. 준우의 두뇌는 명확한 것을 좋아하기 때문에 규칙을 세우고 지켜가는 것을 좋아할 거예요. 그러니 어머니의 관점에서 안쓰럽다고 생각하지 않으셔도 됩니다. 아침에 일어나는 건 자신의 일이지 어머니의 책임이 아님을 분명히 말씀하는 게 오히려 준우에게도 도움이 됩니다."

그제야 어머니도 해볼 의지가 나는 것 같았습니다.

이처럼 두뇌 유형이 다른 엄마와 아이가 만났을 때는 생각지 못한 갈등이 자주 일어납니다. 그럴 때는 엄마가 자기 생각대로 아이에게 잘해주기보다는 '아이가 정말로 원하는 것'이 무엇인지 먼저 파악하는 게 중요합니다. 그래야 서로 다른 두뇌 성향 때문에 일어나는 갈등과 오해를 줄일 수 있으니까요. 우리가 서로 다른 두뇌 특성을 갖고 있다는 것만 이해해도 인생에서 불필요한 갈등의 상당 부분을 줄일 수 있습니다.

두뇌 발달의
3단계

　아이들의 두뇌 발달 과정에 대해 좀 더 쉽게 이해시켜드리기 위해서 제가 보호자들께 많이 드는 비유가 있습니다. 두뇌 발달 과정은 마치 블록을 한 층 한 층 쌓아가는 것과 비슷하다는 것입니다.

　블록을 쌓을 때 양쪽 기둥을 균형 있게 세워야 양 기둥 위에 받침대를 안정적으로 놓을 수 있고 그래야 다음 층을 쌓을 수 있습니다. 아래층부터 균형 있게 쌓아 올라간다면 안정적으로 계속 높은 층까지 쌓아갈 수 있지만, 아래층이 불균형하면 한 층씩 쌓여갈수록 불안정해지고 결국은 블록을 높이 쌓을 수 없게 됩니다.

마찬가지로 두뇌가 발달하기 위해서는 먼저 신경 발달이 균형 있게 이루어져야 합니다. 신경이 균형 있게 발달해야 신경 간의 통합이 일어나고, 통합 과정이 충실해져야 다음 상위 단계로의 성장 발달이 일어나는 것입니다. 이렇게 두뇌 발달은 균형(Balance), 통합(Integration), 성장(Growth)의 3단계를 거칩니다.

전두엽 발달도 마찬가지입니다. 좌뇌와 우뇌는 각자 독립적인 기능을 가지고 발달하는데 어느 정도 균형 있게 발달해야 뇌량을 통해서 통합이 일어납니다. 그리고 좌우뇌가 통합이 잘되어야 전두엽이 더 많이 활성화되고 발달할 수 있습니다. 이렇게 제대로 발달한 전두엽은 마치 지휘관처럼 좌뇌와 우뇌의 각 기능을 조율하면서 보다 고차원적인 목적을 수행할 수 있습니다. 두뇌는 9~12개월을 성장주기로 균형, 통합, 성장의 단계를 거치면서 한 층 한 층 블록을 쌓아가듯 기본 영역부터 고차 영역까지 발달합니다. 그래서 저는 뇌 불균형 개선 치료 프로그램을 두뇌 발달 원리에 맞추어 진행합니다. 두뇌의 구조적 차원과 기능적 차원에서 균형이 깨져 있는 부분을 찾아서 보완하고 해결하고 신경 간의 통합이 일어날 수 있도록 도와줍니다.

뇌 불균형 질환들은 불균형 정도나 발달에 영향을 받은 시점에 따라 질환의 심각성이나 치료 기간이 결정됩니다.

발달장애의 경우는 훨씬 이른 영유아기 시점부터 운동 발달이나 언어, 인지 발달이 지연되면서 나타나는 문제입니다. 뇌 발달 블록의 가장 아래 단계인 1, 2층부터 불균형의 문제가 발생해 블록을 쌓는 데 어려움이 있는 것입니다. 이로 인해 두뇌의 기본 기능이 발달해야 하는 단계부터 이후의 뇌 발달 과정이 전반적으로 늦고 불안정해집니다.

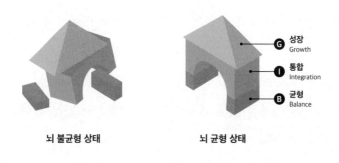

뇌 불균형 상태   뇌 균형 상태

G 성장 Growth
I 통합 Integration
B 균형 Balance

반면에 ADHD의 경우는 뇌 발달 블록의 7, 8층부터 시작되는 상위 영역인 전두엽 발달이 영향을 받으면서 드러나는 증상입니다. 불균형의 정도에 따라 ADHD의 문제가 저학년부터 드러나기도 하고, 고학년에 올라가면서 드러나기도 합니다.

보통 ADHD나 학습장애의 경우, 치료를 시작하고 3개월 정도가 지나면 아이들의 변화가 관찰되기 시작하고 평균적으로 9~12개월 정도에는 치료를 마무리합니다. 하지만 발달장애의 경우는 아이들의 두뇌 발달 속도에 따라 보통 1년에서 길게는 2~3년 이상의 꾸준한 치료 기간이 필요합니다. 다른 질환에 비해 시간은 걸리지만, 한 단계씩 불균형의 문제를 채워가다보면 계속해서 발전해가는 아이들의 모습을 볼 수 있습니다.

실제 뇌 불균형을 겪는 아이들은 한 가지 질환만 가지고 내원하는 경우는 드뭅니다. 예를 들어 발달 지연을 겪는 아이가 틱장애를 함께 가지고 있다든지, ADHD가 있는 아이가 강박증을 함께 가지고 있는 식입니다. 따라서 한 가지 증상이 개선되었다 하더라도 치료를 바로 종결하지 않고 다른 문제까지 함께 좋아질 수 있도록 근본적인 뇌 균형 발달 관점에서 치료를 지속하는 경우가 많습니다.

뇌 균형 발달을 꾸준히 도와주면 해당 문제들이 개선될 뿐만 아니라, 아이들의 정서적 안정감, 집중력, 자기 조절 같은 고차원적 뇌 기능까지 함께 향상되는 것을 목격할 수 있습니다.

나는 어떤
두뇌 유형일까?

우리가 저마다 다른 생김새를 가진 것처럼, 두뇌도 사람마다 상대적으로 더 잘 발달된 영역과 그렇지 않은 영역이 있습니다. 이로 인해 성격, 적성, 재능 등이 형성되지요. 이렇게 주로 사용하는 두뇌 영역이 다르다보니, 서로 생각하고 행동하는 방식 또한 차이가 있습니다. 부모와 자식 간에도 두뇌 유형이 다를 경우 서로를 이해하는 게 쉽지 않습니다.

부모로서 아이를 키우다보면 내가 낳은 자식이지만, 도저히 이해가 가지 않을 때가 종종 있습니다. 아이의 성향이 어떠한지, 어느 분야에 재능이 있는지, 어떻게 훈육하는 게 맞는지 아이의

머릿속이 궁금해지죠. 이럴 때 아이의 두뇌 유형을 알고 있으면
아이를 이해하고 키우는 데 많은 도움이 됩니다.

　우리 뇌는 크게 좌뇌와 우뇌로 나뉩니다. 좌뇌는 이성적·논
리적 측면과 관계하는 '양'의 속성을 가지고 있고, 우뇌는 감성
적·직관적 측면과 연결되는 '음'의 속성을 가지고 있습니다.

좌뇌	우뇌
· 양의 속성 · 이성 · 논리적 측면	· 음의 속성 · 감성 · 직관적 측면

　좌뇌와 우뇌에 관한 이론은 로저 스페리(Roger Sperry)라는 미
국의 신경과학자가 연구했습니다. 로저 스페리는 이 연구를 통
해 1981년 노벨의학상을 받았습니다. 그의 이론에 따르면 좌뇌
와 우뇌는 각자의 역할이 있고 이것이 뇌량이라는 신경섬유다발
에 의해 통합되어 있습니다. 뇌량이 손상된 환자를 연구하며 좌
뇌와 우뇌의 기능이 별개로 작용함을 발견한 것입니다. 실제 뇌
질환 환자들을 치료할 때 좌뇌와 우뇌의 기능 차이를 쉽게 관찰
할 수 있습니다. 언어 영역은 주로 좌뇌에 위치해 있기 때문에

만약 좌뇌가 손상된 경우에는 언어장애가 발생할 수 있지만, 우뇌가 손상된 경우에는 언어장애가 오지는 않습니다.

좌뇌와 우뇌의 역할 차이에 대해서는 어느 정도 많이 알려져 있지만, 우리 두뇌의 앞쪽과 뒤쪽이 수행하는 역할이 다르다는 것은 아직 생소하게 느끼는 분들이 많습니다. 뇌신경학적으로 두뇌는 앞과 뒤를 가르는 '뇌이랑'이라는 큰 주름으로 구분됩니다. 뇌이랑을 중심으로 앞쪽은 운동 영역, 뒤쪽은 감각 영역이 위치해 있습니다.

두뇌의 앞쪽 부분은 사람의 행동과 관련이 있습니다. 즉, 실행력과 관련된 기능을 담당합니다. 목표를 추진할 때 모터 역할을 하는 기능을 맡은 '양'의 영역이죠. 반면 두뇌의 뒷부분은 시각을 비롯한 오감을 받아들이는 역할을 담당합니다. '음'에 해당하는 영역입니다. 감각 영역은 사람의 인식과 관련이 있어, 뇌의 뒤쪽이 발달한 사람은 감각을 받아들이는 인식이 강합니다.

앞쪽 뇌	뒤쪽 뇌
· 양의 속성	· 음의 속성
· 운동 영역	· 감각 영역
· 실행력	· 오감

뇌의 어느 영역을 많이 쓰느냐에 따라 성향이 다르게 나타납니다. 뇌의 앞쪽 영역을 많이 쓰는 사람은 진취적이고 적극적인 성향을 보입니다. 반면, 뒤쪽 영역이 활성화된 사람은 수동적이고 수용적인 성향이 강합니다. 또한 두뇌 앞쪽을 많이 쓰는 사람이라고 하더라도 좌뇌를 주로 쓰느냐 우뇌를 주로 쓰느냐에 따라 성향은 사뭇 달라집니다.

부모도 아이도, 우리가 서로 다른 뇌를 가지고 있다는 사실을 이해한다면 많은 문제를 해결할 수 있습니다. 하지만 자신의 두뇌 유형을 정확하게 알고 있기가 쉬운 일은 아니죠.

오랫동안 아이들과 보호자들을 만나오면서 누구나 쉽게 두뇌 유형을 파악할 수 있는 방법이 있으면 좋겠다고 생각했습니다. 그래서 뇌신경학, 한의학, 심리학을 바탕으로 사람마다 가지고 있는 사고와 행동의 패턴을 구분하는 '브레인코드'라는 두뇌 유형 검사를 개발했습니다. 이 프로젝트는 2018년도 정부의 최우수 과제로 선정되어 3년간 연구개발 과정을 진행했으며, 신뢰도와 타당도에 관한 검사를 완료하였습니다.

자신과 아이의 두뇌 유형에 대한 심도 있는 분석이 필요하다면 '브레인코드' 두뇌 유형 검사를 활용해보기 바랍니다. 여기서는 네 가지 두뇌 유형에 대해서 간단히 소개하겠습니다.

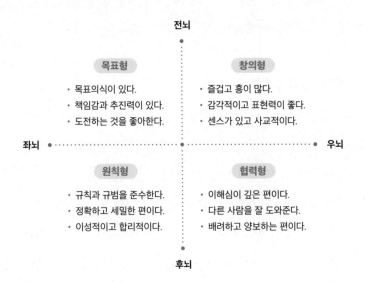

전뇌

목표형
· 목표의식이 있다.
· 책임감과 추진력이 있다.
· 도전하는 것을 좋아한다.

창의형
· 즐겁고 흥이 많다.
· 감각적이고 표현력이 좋다.
· 센스가 있고 사교적이다.

좌뇌 ··· 우뇌

원칙형
· 규칙과 규범을 준수한다.
· 정확하고 세밀한 편이다.
· 이성적이고 합리적이다.

협력형
· 이해심이 깊은 편이다.
· 다른 사람을 잘 도와준다.
· 배려하고 양보하는 편이다.

후뇌

목표형. 좌뇌 앞쪽을 쓰는 사람

좌뇌 앞쪽을 주로 쓰는 사람은 이성적이면서 실행력이 있습니다. 목표지향적이어서 한 가지 목표를 바라보며 집중하는 경향이 있습니다. 결과가 나올 때까지 끝까지 책임을 다하는 편이며, 문제를 피하지 않고 부딪쳐서 해결하려는 경향이 있습니다.

구체적인 목표가 정해지면 추진력이 생기지만, 같이 진행하는 사람들과 감정적 문제를 겪기도 합니다. 너무 분석적이고 이해타산적인 경향이 강하기에 대인관계에서 어려움을 겪기도 합니다. 이러한 두뇌 유형이 뇌 불균형 상태가 심해지면 분노조절장애, 충동장애, 품행장애 같은 문제가 생길 수 있습니다.

창의형. 우뇌 앞쪽을 쓰는 사람

우뇌 앞쪽을 주로 쓰는 사람은 감정적이고 즉흥적인 편입니다. 열정적이고 자신의 감정을 잘 표현하고 사람들과 어울리기를 좋아합니다. 감각이 발달한 편이어서 예술 계통에 재능이 있는 경우가 많고 순발력이 있고 창의적인 면이 많습니다.

감정의 기복이 심하거나 기분에 따라 행동하다보니 시작은 잘하는데 마무리가 안 되는 경우가 많습니다. 사람들 앞에 나서거나 관심 받기를 좋아하고 주변 분위기를 즐겁게도 하지만 허풍이나 허세가 심하게 보일 수도 있습니다. 불균형이 심해지면 생각 없이 즉흥적으로 행동하거나 말만 앞서고 책임감이 없을 때가 많고, 절제력과 인내력이 부족해집니다.

원칙형. 좌뇌 뒤쪽을 쓰는 사람

좌뇌 뒤쪽을 주로 쓰는 사람은 논리적이고 원칙적인 성향을 갖고 있어서 따지고 분석하기를 좋아합니다. 새로운 정보나 지식을 축적하고 원리를 탐구하는 것을 좋아하며, 규칙과 규율을 잘 지킵니다. 공사 구분이 확실한 편이며 대인관계에서도 허물

없이 지내기보다는 예의를 지키는 관계를 선호합니다.

불균형이 심해지면 이기적이거나 계산적일 수 있고, 타인의 잘못에 대해서 지나치게 엄격해집니다. 심하면 강박증, 편집증, 건강염려증 등으로 발전할 수 있습니다.

협력형. 우뇌 뒤쪽을 쓰는 사람

우뇌 뒤쪽을 주로 쓰는 사람은 타인을 이해하고 배려하는 성향으로 대인관계가 원만합니다. 자신에 대한 욕심이 별로 없고, 다른 사람들과 함께 나누는 것을 좋아합니다. 새로운 것보다는 안정적인 것을 원하고 현실적이기보다는 이상주의적인 편입니다.

착하고 낙천적인 성격이지만, 미래를 계획하거나 이익을 계산하는 것에는 서툽니다. 그래서 불균형이 심해지면, 미래에 대한 고민이나 계획성이 없고, 현재 상황에 안주하며 변화를 두려워하게 되며 무기력, 우울증 같은 상태에 빠질 수 있습니다.

두뇌에 따라
양육 방식도 바뀌어야 한다

　아이를 잘 키우기 위해서는 자녀의 두뇌 유형을 아는 것도 중요하지만 보호자 스스로 자신의 두뇌 유형을 아는 것도 중요합니다. 부모의 두뇌 유형에 따라 아이를 대하고 키우는 방식이 달라지기 때문입니다. 만약 아이를 키우는 것이 버겁고 힘들다면 아이의 문제만을 생각하지 말고, 부모 자신의 사고와 행동 방식에 대해서 한번 돌아볼 필요가 있습니다.

목표형. 좌뇌 앞쪽을 쓰는 사람
　좌뇌 앞쪽을 주로 쓰는 '목표형 부모'라면 아무래도 감독 스타

일의 양육을 할 가능성이 높겠지요. 이런 부모는 아이에게 목표를 정해주고 그것을 달성하도록 이끌어주며 목표의식과 도전정신을 길러줄 수 있습니다. 그렇지만 결과와 성과를 중요시하다 보니 아이에게 엄격하고 잔소리를 많이 하는 편입니다. 그러다 보니 이런 부모의 기준을 따라가기 힘든 아이는 정서적으로 억눌리거나 불만이 계속 쌓일 수 있습니다.

만약 목표형 부모에게 부모가 바뀌어야 한다며 갑자기 아이를 사랑으로 감싸고 보듬어주라고 하면 어떻게 될까요? 아마 처음에는 아이를 강압적으로 다뤄왔던 방식에 죄책감을 느끼거나 반성할 수도 있습니다. 그러나 얼마 못 가 자신의 행동을 합리화하며 방어기제만 강화할 것입니다.

그러니 목표형 부모에게 이해심이 깊은 부모가 되라고 요구할 수는 없습니다. 대신 자신의 장점을 발현할 수 있는 방법을 찾아야겠지요. 이를테면 목표를 제시하더라도 아이의 역량을 감안하여 아이가 잘 따라올 수 있도록 단계별로 목표를 세워주는 겁니다. 그리고 결과만을 가지고 아이를 강압적으로 대하지 않도록 주의해야 합니다. 목표형 부모는 아이를 재촉하지 말고 어르고 달래면서 아이의 걸음에 맞추어 이끌어주는 부모가 되려고 노력해야 합니다.

창의형. 우뇌 앞쪽을 쓰는 사람

우뇌 앞쪽을 주로 쓰는 '창의형 부모'는 규율에 얽매이기보다는 자유로운 방식을 추구하고 아이와 친구처럼 지냅니다. 즐겁고 재미있는 것을 아이와 함께하며 창의성과 정서 발달에 도움을 줄 수 있습니다.

하지만 일상에서 원칙을 따르기보다는 자신의 감정에 따라 아이를 대하는 태도가 달라집니다. 기분이 좋을 때는 세상 좋은 부모지만, 피곤하거나 컨디션이 좋지 않을 때는 쉽게 욱하고 화를 내니 아이가 혼란스러워할 수 있습니다. 그러다보니 아이도 약속이나 규칙을 지키려고 하기보다 부모의 감정 상태에 반응합니다. 그래서 화가 나거나 감정 조절이 어려울 때는 아이를 훈육하려 하지 말고 일정 시간 아이와 거리를 두는 것이 좋습니다.

창의형 부모는 아이를 즐겁게 해줘야 한다는 의무감을 내려놓아야 합니다. 그리고 아이와 함께 정한 약속이나 규칙은 되도록 지키려고 노력해야 합니다. 그래야 아이의 절제력과 인내심을 길러줄 수 있습니다.

창의형 부모가 한결같은 부모가 될 수는 없습니다. 대신 긍정적인 에너지로 아이에게 활력을 주고, 아이가 자신감을 갖고 클 수 있도록 도와주는 친구 같은 부모가 되려고 노력해야 합니다.

원칙형. 좌뇌 뒤쪽을 쓰는 사람

좌뇌 뒤쪽을 주로 쓰는 '원칙형 부모'는 예의 바르고 사회적인 규범을 잘 따르는 모범적인 부모입니다. 그래서 아이를 키울 때도 감정보다는 원칙과 규칙에 따라 키우려고 합니다. 한결같은 기준으로 양육하다보니 아이들이 절제력과 참을성을 기를 수 있습니다. 하지만 너무 원칙만 고수하면 아이의 정서적인 발달에는 좋지 않습니다. 원칙형 부모는 아이에게 너무 규칙을 강요하지 말아야 합니다. 지나친 원칙주의는 아이의 창의성이나 정서 발달을 방해할 수 있기 때문입니다. 규칙을 정하더라도 부모 입장에서 일방적으로만 정하지 말고 아이의 입장도 고려하여 함께 정하는 것이 좋습니다.

아이가 시행착오를 겪을 기회가 필요하다는 사실을 인식하고, 잘못했을 때 아이의 입장에서 이야기를 먼저 들어주는 과정이 필요합니다. 이야기를 들어줄 때도 논리적으로 아이의 잘못을 따지기 위해서가 아니라 아이의 입장을 이해하고 공감하기 위해 이야기를 들어주어야 한다는 것을 잊지 말아야 합니다.

원칙형 부모는 원칙을 지키되 유연하게 대응하고, 아이의 입장을 존중하면서 논리적으로 차분하게 설득하는 한결같은 부모가 되려고 노력해야 합니다.

협력형, 우뇌 뒤쪽을 쓰는 사람

우뇌 뒤쪽을 쓰는 주로 '협력형 부모'는 아이에 대해 무조건적인 사랑을 주고자 하는 마음 따뜻한 부모입니다. 아이의 입장에서 생각하고 이해해주는 협력형 부모는 아이의 심리적 안정과 자존감을 키워줍니다. 하지만 너무 아이의 입장을 배려해주다보니 아이가 버릇이 없어지거나 제멋대로 하려는 경향이 있을 수 있습니다. 이러한 유형의 부모는 아이에 대한 사랑을 조금은 내려놓을 필요가 있습니다. 아이를 이해하고 지지해주는 것은 좋지만, 거기에 기준이 없다면 아이가 바르게 성장하는 데 어려움을 겪을 것입니다. 아이가 잘못된 방향으로 가고 있다면 원칙과 기준을 가지고 바른길로 이끌 줄도 알아야 합니다. 그렇지 않다면 아이는 절제를 모르고 참을성도 없는 미성숙한 사람으로 남을 것입니다.

협력형 부모는 아이만 생각하며 자신을 희생하지 말고, 부모가 해줄 수 없는 부분에 대해서 아이에게 정확하게 표현하는 연습을 해야 합니다. 아이에 대한 지극한 사랑도 과해지면 아이에 대한 집착이 될 수 있습니다. 협력형 부모는 아이가 사춘기를 지나 독립적으로 성장해갈 때 심리적으로 가장 힘들어하는 부모 유형이기도 합니다.

이렇게 자신의 두뇌 유형을 이해하고, 타고난 유형에 적합한 양육 방식을 선택하는 것만으로도 부모들에게 변화가 일어나는 것을 목격하곤 합니다. 그러니 부모로서 서툰 부분이 있다고 해서 자신을 너무 다그치거나 죄책감을 가질 필요 없이, 자신의 타고난 성향을 바탕으로 양육하면서 아이와 부모가 함께 성장해나가는 것이 바람직합니다.

부모가 자신의 타고난 성향을 이해하고, 그 성향을 긍정적으로 발현해나갈 때, 아이와도 원활하게 소통할 수 있습니다. 그럴 때 비로소 '누구의 엄마 아빠'가 아니라 당당한 한 사람으로서 자기의 삶을 열 수 있습니다.

부모와 아이의
두뇌 유형이 다르다면?

지금까지 사람은 두뇌 유형에 따라 서로 다른 성향을 가진다는 점을 말씀드렸습니다. 그러니 부모가 아이를 잘 키우려면 아이의 두뇌를 이해하는 것부터 출발해야 합니다. 두뇌가 발달하면서 아이들의 특성이 만들어집니다. 두뇌의 어떤 부분이 잘 발달하고 약하게 발달하는지에 따라서 아이들의 생각과 행동 유형이 결정됩니다.

진료실에서 상담하다보면 "내가 낳은 자식인데도, 도저히 이해할 수 없어요"라고 이야기하는 부모님들을 많이 만납니다. 아이가 왜 저렇게 말하고 행동하는지 도저히 이해되지 않는다는 것입니다. 이는 대부분 부모와 아이의 두뇌 유형이 다른 경우입니다. 이런 경우 서로 생각하고 행동하는 방향이 달라서 여러 가지 충돌이 발생할 수 있습니다.

각각의 사례를 가정해보겠습니다. 만약 목표형 두뇌를 가진 엄마가 목표형 아이를 키운다면 다행입니다.

"너는 공부도 제법 하니까 특목고를 가는 게 어때?"

목표형 엄마가 중학교에 들어간 아이에게 이렇게 목표를 제시하면 목표형 아이는 "어, 나도 가고 싶어." 하고 열심히 목표를 향해 달릴 것입니다.

하지만 목표형 엄마가 협력형 두뇌의 아이를 키우면 문제가 많이 일어날 수 있습니다. 뇌의 앞쪽을 주로 쓰는 목표형 엄마는 아이가 도달해야 할 목표를 위해 최선을 다할 것입니다.

"이번에는 80점을 받았으니 다음번엔 90점을 목표로 달려보자."

엄마는 정확한 목표를 설정하고, 이 목표 하나를 이루기 위해 엄청난 추진력을 발휘합니다. 그런데 아이가 목표지향적인 태도와는 거리가 먼 협력형 아이라면 엄마의 말에 압박감을 받을 것입니다.

"엄마, 나는 친구들이랑 경쟁하기 싫고, 잘 지내고 싶어. 꼭 이렇게까지 해야 돼?"

그러면 목표형 엄마는 부아가 치밀고 아이를 더 압박합니다. 협력형 아이는 친구들과 잘 지내고 싶지만, 엄마와도 갈등을 일으키고 싶지 않으니 일단 수긍합니다. 하지만 엄마가 계속 목표를 제시하고 채찍질하면 점차 스트레스를 받지요. 끌고 가는 엄마도 힘이 빠지지만 아이도 지속적인 스트레스에 노출됩니다.

목표형 엄마가 원칙형 두뇌의 아이를 키운다면 어떨까요? 원칙형 아이는 무엇이든 원칙대로 하려고 하고 완벽하지 않으면 행동으로 옮기려 하지 않습니다. 목표형 엄마는 그런 아이의 태도가 답답해 미칠 지경이지요.

"그렇게 지킬 거 다 지키고 언제 남보다 앞서갈래?"

하지만 원칙형 아이는 조건이 충족되기 전에는 나서려고 하지 않습니다. 목표형 엄마는 아이 교육에 좋다는 것은 무엇이든 먼저 시도해봐야 직성이 풀리지요. 하지만 원칙형 아이는 그런 엄마의 설득에도 꿈쩍하지 않습니다. 원칙형 아이는 이랬다저랬다 방향을 바꾸는 것을 싫어하고, 한번 선택한 것은 진득하게 밀고 나가고 싶어하니까요.

흔히 이럴 때 우리는 두 사람의 성격이 다르다고 말하곤 합니다. 그런데 뇌의 관점에서 보면 두 사람은 주로 쓰는 두뇌 영역이 다른 것입니다. 인간은 타고난 두뇌 유형에 따라 지향하는 바가 다르고 성향이 다릅니다. 아무래도 자주 쓰는 두뇌 부위의 신경이 더 강하게 연결될 수밖에 없고, 이런 신경 다발들이 모여서 개인의 고유성으로 드러나지요. 그 사실을 이해하지 못하기에, 부모는 아이들이 뜻대로 따라주지 않아서 힘들고, 아이는 부모의 강요를 따라가기 힘들어 스트레스를 받는 것입니다.

각 두뇌 유형별로 아이들은 아래와 같은 성향을 가집니다.

'목표형 두뇌'의 아이

계획적이고 솔직하며 자신감이 많습니다. 그리고 새로운 것에 도전하고 목표를 정하여 달성하는 데서 즐거움을 느낍니다. 하지만 지나치게 직설적인 데다 다른 사람과의 공감 능력이 약해 자신에게 이익이 되지 않는 일에는 관심이 없지요. 이 유형의 아이들은 구체적인 목표를 정해주고 달성할 경우 이익과 보상을 명확히 해주는 방식으로 키우는 것이 좋습니다.

'창의형 두뇌'의 아이

사교적이고 온화하며 재미있습니다. 사람들의 인정을 받고 관심을 받는 것을 좋아합니다. 그렇지만 다른 사람들의 비난에 민감한 편이고 혼자 차분히 있는 것을 힘들어합니다. 창의형 아이들은 잘못을 지적하기보다는 잘하는 것을 칭찬해주고 긍정적으로 호응해주는 방식으로 훈육하는 것이 좋습니다.

'원칙형 두뇌'의 아이

온순하고 침착한 편이고 자신이 관심 있는 분야에 많은 지식을 쌓아가기를 좋아합니다. 하지만 자신의 감정을 표현하는 것을 어려워하고, 순발력이나 응용력은 부족한 편입니다. 이 유형의 아이들은 해야 하는 이유나 당위성을 설명해주고 설득하는 방식으로 키워가는 것이 좋습니다.

'협력형 두뇌'의 아이

마음이 깊고 따뜻하고 공감을 잘하며, 다른 사람을 돕고 배려하는 것을 좋아합니다. 그렇지만 자신만의 상상에 빠져 있을 때가 많고, 뭔가를 잘 빠뜨리고 잘 잊어버립니다. 이런 협력형 아이들은 자신의 이익보다는 다른 사람들에게 도움이 되는 사람이 되라는 소명의식을 키워주는 것이 좋습니다.

인간은 두뇌 유형에 따라 삶에서 추구하는 목표와 방식이 다릅니다. 그러니 부모가 아이의 두뇌 유형을 짐작할 수 있다면, 아이에게 맞는 양육 방식을 선택해 적용할 수 있겠지요.

그러니 양육 과정에서 아이와 사사건건 부딪칠 때는 아이가 이해가 안 된다고 힘들어하기보다 각자의 두뇌 유형이 완전히 다를 수 있다는 점을 먼저 인정해야 합니다. 그래야 자신과 아이의 서로 다른 부분에 대해서 생각해보고 서로의 차이를 인정하면서 양육할 수 있으니까요. 그런 이해가 바탕이 되어야 불필요한 갈등을 일으키지 않고 아이의 균형 잡힌 뇌 성장을 도울 수 있습니다.

두뇌 유형만 알아도 아이를 이해하고 소통하는 데 훨씬 도움이 될 수 있습니다. 아이의 타고난 기질을 무시한 채 부모의 방식만을 고집한다면 아이도 부모도 힘들 수밖에 없습니다. 부모가 아이를 위해 한 행동이 오히려 아이의 두뇌 성장을 방해할 수 있다는 사실을 알아야 합니다.

☑ 뇌 불균형이란?

　뇌가 어느 정도 불균형하게 발달하는 것은 개인의 성격이나 적성, 체질 등으로 나타나지만, 불균형의 차이가 심해지면 건강이나 정서, 학습 발달에 여러 가지 문제가 발생합니다. 이러한 '뇌 불균형'은 생리적 뇌 불균형과 병리적 뇌 불균형으로 나누어 볼 수 있습니다.

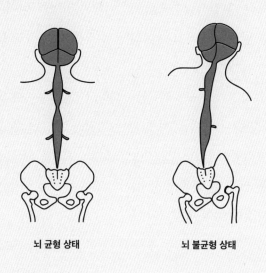

뇌 균형 상태　　　　　　　　뇌 불균형 상태

생리적 뇌 불균형

　뇌는 생존을 위해 신경 발달이 유리한 쪽을 선택하여 우선 발달시킵니다. 그래서 사람의 뇌는 기본적으로 불균형하게 발달합니다. 뇌에서 어떤 영역이 우성으로 발달하는지에 따라서 오른손잡이나 왼손잡이, 외향적이거나 내향적인 것과 같은 성격, 체질과 같은 개인의 특성이 만들어집니다.

병리적 뇌 불균형

출산 시의 충격이나 과도한 스마트폰 노출 같은 선천적·후천적 요인들은 뇌 발달의 불균형을 유발합니다. 뇌의 불균형이 심해지면 얼굴이나 체형의 비대칭 같은 구조적 문제나 감각과민이나 운동기능 저하 등의 기능적 문제를 유발합니다. 이러한 구조적 불균형과 기능적 불균형이 서로 안 좋은 영향을 주고받으며 뇌 불균형의 차이가 더 심화되면, 성장 발달 과정에서 다양한 문제가 나타납니다.

병리적 뇌 불균형을 만드는 요인들	
선천적 요인	• 부모의 신경학적 취약성 유전 • 노산, 임신 중 스트레스, 흡연, 음주, 약물 • 산모의 척추 골반의 불균형 • 제왕절개, 난산, 석션 및 포셉 사용으로 인한 충격

후천적
요인
	• 신경 자극 : 스마트폰, 영상, 게임 등의 과도한 노출
	• 음식 문제 : 가공식품, 글루텐, 카제인으로 인한 독소, 과도한 정제당
	  과 정제탄수화물 섭취
	• 면역 문제 : 감기, 비염, 알러지로 인한 스트레스 및 잦은 약물 사용
	• 신체적 스트레스 : 염좌 타박 같은 물리적 충격, 과도한 편측 운동,
	  잘못된 자세
	• 정신적 스트레스 : 불안정한 성장 환경, 주 양육자의 문제, 이중 언어
	  노출, 무리한 학습

    뇌 불균형이 만드는 문제는 빛이 프리즘을 통과해 여러 색깔의 스펙트럼으로 나뉘듯 매우 다양합니다. 전두엽 발달을 지연시켜 ADHD를 만들기도 하고, 난독증이나 경계선 지능 같은 학습장애를 유발하기도 합니다. 또한 전반적인 뇌 발달을 지연시켜 자폐스펙트럼, 발달장애를 만들기도 하고 강박증, 불안장애, 분노조절장애, 사회성 부족 같은 정서적 문제를 유발하기도 하죠. 그리고 수면장애, 비염, 알레르기 같은 면역 문제 등의 자율신경 문제나 측만증, 부정교합, 평발, 안면 비대칭 등 체형의 문제를 만들기도 합니다. 여러 가지 선천적·후천적 원인이 복합적으로 누적되어 만들어지기 때문에 현대 의학으로 원인이 명확히 밝혀지지 않은 경우가 많고 치료법도 증상 억제를 목표로 하는 경우가 대부분입니다.

뇌 불균형이 만드는 질환
• ADHD, 난독증, 학습장애
• 틱장애, 뇌전증
• 경계선 지능장애, 자폐스펙트럼, 발달장애
• 강박증, 불안장애, 분노조절장애, 사회성 부족
• 약시, 사시, 난청, 사경증, 이갈이
• 측만증, 부정교합, 평발, OX다리, 안면 비대칭
• 수면장애, 비염, 알러지, 만성변비, 과민성대장증후군, 빈뇨, 도한

　　뇌 불균형 문제를 개선하기 위해서는 구조적이고 기능적인 차원에서 원인을 분석하고 이를 해결하는 다양한 방법을 활용해야 합니다. 뇌 발달을 돕는 성장 에너지를 공급하기 위해서 뇌발달 한약 처방을 활용합니다. 사람마다 두뇌의 약한 영역이 다르다 보니 개인마다 처방이 다를 수밖에 없습니다. 그리고 기능적으로 약한 신경 발달을 돕기 위한 신경학적 훈련을 진행하기도 하고, 해부학적 불균형을 해결하기 위해서 뇌 균형 추나 요법과 균형 장치들을 활용하기도 합니다. 그 밖에 생활 속에서 식이 요법과 운동 요법 그리고 두뇌 유형에 따른 생활 습관 코칭 등을 함께 활용하기도 합니다.

뇌 불균형을 유발하는 인체의 아홉 가지 차원과 치료법

1. 뇌경막 : 대뇌축/소뇌축/교합축

2. 근골격 : 두개골/턱관절/경추/흉곽/요추/골반/족부

3. 내장기 : 오장육부

4. 운동신경 : 대근육/소근육

5. 감각신경 : 시각/청각/후각/미각/촉각

6. 균형신경 : 소뇌/전정신경

7. 자율신경 : 수면/면역/소화/체온/땀/대변/소변

8. 변연계 : 분노/강박/흥분/우울/불안/공포

9. 대뇌 기능 : 좌뇌/우뇌/전두엽

1, 2의 문제 해결을 위해서는 뇌 균형 추나 요법 및 교정 장치를 활용한다.

2, 6의 문제 해결을 위해서는 생활 속 균형 장치들을 활용한다.

4, 5, 6, 9의 문제 해결을 위해서 뇌파, 청각, 시각 등을 활용한 신경학적 훈련을 활용한다.

3, 7, 8, 9의 문제 해결을 위해서는 한약 처방을 활용한다.

2장

뇌 발달과
공부의 상관관계

전교 250등 아이가
1등이 되기까지

아이가 중학교에 들어가고 나서 갑자기 성적이 뚝 떨어졌다면서 저를 찾아온 어머니가 있었습니다.

"원장님, 우리 호준이가 초등학교 때는 공부를 곧잘 했거든요. 그런데 중학교 올라가서는 성적이 통 나오지를 않아요. 정말 속상해요."

학원도 바꿔보고 유능한 과외 선생님도 붙여봤지만 전혀 효과가 없었다며 어머니는 답답해했습니다. 잘하던 아이가 성적이 떨어진다면 거기에는 분명 이유가 있게 마련입니다. 그 이유가 무엇인지 알아보기 위해, 우선 아이가 공부할 의지가 있는지부터 확인했습니다.

"우리 애라서가 아니라 호준이가 진짜 열심히 해요. 지금도 하루 여섯 시간씩 꼬박 책상에 앉아서 공부하는걸요. 그래도 성적이 오르기는커녕 떨어지기만 해요."

얘기를 들어보니 호준이는 기본적으로 공부에 대한 의지가 있었습니다. 초등학교 때도 열심히 했고, 지금도 규칙적으로 책상에 앉아서 공부를 한다는 겁니다. 그렇다면 성적이 떨어지는 데는 다른 이유가 있을 것입니다. 심층 면담을 통해 그 이유를 알아내고, 아이에게 적합한 처방을 내리는 것이 제가 할 일이었지요.

면담을 끝낸 후 호준이를 직접 만나보았습니다. 아이들의 얼굴과 목소리, 자세에도 뇌에 대한 단서들이 숨어 있는데, 호준이는 눈의 초점이 멍하니 흐려져 있었고, 자세는 구부정했습니다. 말투도 어눌하고 많이 지쳐 보였습니다. 이를 통해 아이의 두뇌는 이미 한계를 초과한 상태로 집중력을 담당하는 전두엽이 제대로 역할을 못 하는 상태임을 알 수 있었습니다.

호준이가 말하길, 공부를 하다보면 몸에서 열이 올라오고 가슴이 답답해지면서 머리가 자주 아프다고 했죠. 이후 진행된 두뇌 검사상에도 호준이의 전두엽은 제대로 기능하지 못하는 상태였고, 집중력과 읽기 능력을 담당하는 학습 능력도 제대로 작동하고 있지 않았습니다. 이런 상태에서 공부를 한다고 억지로 뇌를 사용하고 있었으니 머리로 열이 오르고 두통이 올 수밖에 없었습니다.

어머니는 상담 내내 성적 얘기만 하며 더 좋은 학원, 실력 있는 선생님을 찾아서 계속 공부를 시키고 있다고 말했습니다. 호준이가 더 집중해서 공부할 수 있게 만들어달라고 제게 부탁했습니다. 하지만 제가 보기에 아이에게 필요한 것은 공부가 아니었습니다. 더 좋은 학원이나 실력 있는 선생님, 획기적인 공부법이 주어진다고 해도 지금 호준이의 두뇌 상태로는 더 이상 성적을 내기 어려워 보였습니다. 문제는 학습 방법이 아니라 아이의 두뇌 상태에 있었으니까요.

"어머니, 지금 호준이에게 필요한 건 공부가 아니에요."

어머니는 이해가 안 간다는 표정이었습니다. 상담을 시작할 때부터 줄곧 느꼈지만, 어머니는 아이의 성적에 지대한 관심을 갖고 있었습니다. 잘하던 아이가 중학생이 되고 나서 성적이 잘 나오지 않자 어머니는 내심 걱정이 되었을 것입니다. 그래서 이런저런 좋다는 공부를 강도 높게 시켰는데, 그게 오히려 독이 된 것입니다.

어머니의 불안은 아이에게 그대로 전염됩니다. 호준이는 늘 그랬던 것처럼 고분고분 엄마 말을 따랐겠지요. 하지만 그러면 그럴수록 호준이는 더 힘들어졌을 것입니다. 노력해도 결과가 나오지 않으니 점점 더 불안해지고 자신감을 잃었겠지요. 안 되는 공부를 억지로 하려다보니 머리도 아프고 가슴이 쿵쿵 뛰고 몸에 열도 났을 것입니다. 그런 상태에서 공부가 잘될 리가 없지요. 그런데 성적이 중요한 엄마는 어떻게든 떨어진 성적을 만회하고자 다그치기만 했던 것입니다. 게다가 두뇌의 학습 기능 발달의 불균형이 있었기 때문에 초등학교까지의 학습을 수행하는 데는 무리가 없었지만, 중학교에 올라가면서 늘어난 학습량과 난이도를 처리하기에는 두뇌가 역부족인 상태였습니다.

저의 진단 결과는 아이에게 필요한 것은 공부를 더 많이 하는 것이 아니라 과부하 된 뇌를 정상으로 돌려놓고 전두엽 기능 중에서 제대로 발달이 안 된 학습 능력을 강화하는 것이었습니다. 과열된 뇌를 식혀주고, 오랫동안 에너지 결핍 상태에 빠져 있던 두뇌에 에너지를 보완해주는 한약 처방을 했습니다. 그리고 전두엽의 기능 중에서 충분히 발달하지 못한 집중력과 읽기 능력을 강화하는 두뇌 훈련 프로그램을 병행했습니다.

호준이의 변화를 가장 먼저 알아본 것은 학원 선생님들이었습니다. 선생님들은 호준이가 마치 뭐에 홀린 사람처럼 변했다고 했습니다. 실제로 호준이는 평소 여섯 시간 걸리던 학습 분량을 한두 시간 만에 뚝딱 해치웠습니다. 두뇌에 부족했던 에너지가 보완되고 집중력과 읽기를 담당하는 두뇌 영역들이 강화되면서 공부 효율이 몰라보게 높아진 것입니다.

"예전에는 책상에 앉아 있으면 머리가 터질 것같이 아팠어요. 그런데 이제는 그런 증상이 싹 사라졌어요. 공부할 때도 전보다 이해가 더 잘되고 기억도 잘 나는 것 같아요."

호준이도 전보다 자신감 있는 표정으로 말했습니다.

1년 정도 치료를 받았을 즈음, 더 놀라운 소식이 날아들었습니다. 호준이가 전교 1등을 했다는 것입니다. 전교생 500명 중에 250등을 하던 아이가 1년 만에 전교 1등을 했습니다. 공부하기 좋은 두뇌 조건이 갖춰지자 아이의 노력이 좋은 결과로 나타났죠.

부모님들은 흔히 아이가 책상에 오래 앉아 있을수록 공부를 잘할 거라고 착각합니다. 두뇌 전문가 입장에서 그 말은 반은 맞고 반은 틀린 말입니다. 물론 공부를 잘하려면 기본적으로 투자해야 하는 기본 시간이 있습니다. 하지만 그보다 더 중요한 점은 공부하기 좋은 최적의 두뇌 상태를 만들어줘야 한다는 점입니다. 최적의 컨디션과 두뇌 조건이 갖춰지지 않은 채 책상에 오래 앉아 있다고 해서 공부가 저절로 되는 것은 아니니까요. 하루 여섯 시간씩 책상에 앉아 있어도 제대로 학습에 집중하지 못하던 아이에게, 집중할 수 있는 두뇌 상태를 만들어주었더니 이런 놀라운 결과가 나온 것입니다.

물론 이 사례를 학습장애가 있는 모든 아이에게 적용할 수는 없습니다. 이 아이는 기본적으로 공부하고자 하는 의지가 있었고, 실제로 하루에 여섯 시간씩 책상에 앉아서 공부했기에 더욱 극적인 결과를 볼 수 있었습니다. 아무리 두뇌 상태를 좋게 만들고 뇌의 학습 영역을 키워준다고 해도 아이가 공부에 관심이 없다면 부모님이 원하는 좋은 성적이 나올 수는 없습니다. 공부에 관심이 없는 아이를 억지로 공부를 좋아하게 할 수는 없는 법이니까요.

조기 교육,
뇌 발달에 도움이 될까?

　오랜 기간 진료를 해오다보니 시대가 변함에 따라 아이들이 겪는 건강 문제도 조금씩 달라지는 것을 경험했습니다. 예전에는 아이가 허약하니 살 좀 찌게 해달라는 요구가 많았지만, 요즘은 오히려 식탐을 걱정하고 살 좀 빠지게 해달라는 요구가 많습니다. 또한 환경 문제와 가공식품의 범람으로 아토피, 비염, 알레르기로 고생하는 아이들도 많아졌습니다. 또한 과도한 조기 교육과 미디어 노출은 아이들의 뇌 발달에도 여러 가지 문제를 야기했습니다. 2000년대에 들어서면서 조기 교육 열풍으로 영유아 시기부터 영재 교육용 미디어를 시청하는 것이 유행했습니다.

하지만 영재 교육 비디오를 시청한 아이들에게서 오히려 언어와 인지 발달이 늦고, 공감과 사회성 발달이 지연되는 문제들이 나타났습니다. 이런 증상들은 예전에 없던 질환들로, 의학 교과서에도 나오지 않아 '비디오 증후군'이라는 새로운 병명이 붙었습니다. 뇌 발달이 미숙한 시기에 과도한 시청각 자극에 노출되면서, 아이들의 뇌 발달 균형이 깨지면서 자폐와 유사한 발달장애 증상을 겪는다는 것입니다. 그래서 이때 이후로 미국 소아과학회에서는 만 2세 이전의 아이들에게는 비디오 및 TV 시청을 금지하고 있습니다.

조금 더 지나자 모국어를 익히듯 영어를 배우는 것이 좋다는 주장에 따라 영어유치원이 성행했습니다. 당시 강남 엄마들 사이에는 이런 소문이 돌았습니다. "영어유치원 하나가 생기면 그 주변에 소아정신과 두세 개가 생긴대요." 한창 우리말을 배워가는 아이에게 한국말이 아닌 외국어를 써야 하는 환경은 생각보다 고통스러울 수 있습니다. 게다가 언어 영역 발달이 약한 아이의 경우라면 우리말을 익혀나가는 것도 힘든데 하루 종일 영어로만 말해야 하는 환경 속에서 일종의 트라우마를 경험합니다. 그러면 그 아이는 모국어를 쓰는 언어 뇌 영역마저 위축되어, 예민하거나 산만한 성향을 보일 가능성이 상당히 높아집니다.

물론 개중에는 어릴 때부터 외국어에 노출되는 것이 긍정적인 영향을 미치는 아이들도 있습니다. 그런 아이들에게는 이중 언어를 처리할 수 있는 신경 회로가 일찌감치 자리 잡혀 한국어와 영어 모두를 모국어처럼 자유자재로 구사할 수 있는 능력이 생기겠지요. 하지만 그런 아이들조차도 이중 언어 신경 회로가 자리 잡히기 전까지는 상당 기간 뇌에 과부하가 일어나는 상황을 감당해야 합니다. 한마디로 언어 감각이 타고난 아이가 아니라면 그런 환경을 감당하기 쉽지 않다는 말이지요.

부모는 좋은 의도로 시작한 일이라고 해도 아이의 뇌가 그것을 받아들이기 힘들다면 부정적으로 작용할 수밖에 없습니다. 그러니 조기 교육으로 아이의 뇌가 과부하 되지 않도록 세심하게 관찰할 필요가 있습니다. 아이에게 무엇을 더 시킬지보다는 교육을 통해 아이의 뇌가 잘 발달하고 있는 게 맞는지 고민해야 합니다. 아무리 좋은 교육이라도 아이의 뇌가 받아들일 수 있어야 빛을 볼 수 있으니까요.

아이들의 두뇌라는 그릇은 연령마다 각자의 크기가 있는데, 부모가 그 이상을 담으려고 욕심을 내다가 오히려 그릇이 엎어지는 경우가 있습니다. 요즘 아이들의 뇌 발달은 자극이 모자라서가 아니라 너무 과해서 문제가 되는 과유불급 사례가 많습니다.

책상에 오래 앉아 있어도
성적이 오르지 않는다면

집중력과 학습장애로 한의원을 찾아오는 부모님들에게 제가 즐겨 하는 얘기가 하나 있습니다. 2002년 월드컵에서 활약한 우리나라 축구 선수들에 대한 이야기입니다.

2002년 월드컵 전까지 우리나라는 축구 약소국에 속했습니다. 16강에 드는 것이 전 국민의 소원일 만큼 약체로 평가받았지요. 체격이 좋은 유럽 선수들이나 공을 자유자재로 갖고 노는 남미 선수들과 비교했을 때, 우리나라 선수들은 한참 부족해 보였지요.

'우리나라 선수들은 패기는 있는데, 기술이 약해.'

사람들은 그렇게 생각했습니다. 그런데 당시 우리나라 국가 대표 팀을 맡은 히딩크 감독은 선수들의 플레이를 보고 나서 전혀 다른 진단을 내렸습니다.

　"한국 선수들에게는 기술이 부족한 게 아닙니다. 부족한 것은 체력이지요."

　그러고 나서 본선 진출 전까지 부족한 체력을 보완하는 데 온 힘을 쏟았습니다. 그 결과는 모두가 아는 대로입니다. 우리 국가 대표 선수들은 누구도 예상하지 못한 환상적인 플레이를 펼치며 월드컵 4강 신화를 이끌어냈습니다. 몰라보게 달라진 선수들의 플레이에 열광하며 국민들도 한마음 한뜻이 되어 응원했지요.

　당시 우리 선수들이 좋은 기록을 낼 수 있었던 건 다름 아닌 히딩크 감독의 '정확한 진단'이 있었기 때문입니다. 히딩크 감독은 우리 선수들에게 필요한 것이 현란한 기술이 아니라 체력임을 간파했습니다. 실제로 우리 선수들은 체력이 좋아지니 쉽게 지치지 않고 경기에 임할 때도 집중력 있게 플레이를 할 수 있었습니다.

　공부도 마찬가지입니다. 대부분의 부모님이 아이가 성적이 떨어지면 더 좋은 학원이 있는지, 더 잘 가르치는 선생님이 있는지를 먼저 찾습니다. 축구로 치면 기술력을 연마하는 데 공을 들이는 셈이지요.

하지만 히딩크 감독의 진단처럼 공부를 할 때도 기본적인 두뇌 조건과 몸 상태가 먼저 갖춰져야 합니다. 공부를 할 수 있는 최적의 두뇌 상태를 만들지 않으면 아무리 똑똑한 아이라도 원하는 결과를 얻기가 어려우니까요.

두뇌 전문가의 입장에서 보면, 아이의 역량을 고려하지 않고 억지로 공부를 시키는 것은 아이의 공부 두뇌를 망가뜨리는 지름길에 불과합니다. 조금밖에 못 먹는 아이에게 빨리 크라고 억지로 많이 먹이면 오히려 탈이 나는 것과 마찬가지죠.

좋은 학원을 보내고, 선행학습을 시키는 것보다 공부를 담당하는 두뇌의 학습 역량을 키워주는 것이 더 중요합니다. 또한 아이에게 맞는 학습량과 난이도를 조절해주어야 합니다. 집중력, 기억력, 사고력, 읽기 능력 같은 두뇌 영역은 단지 공부를 위해서뿐만 아니라 아이들이 커서 자신의 꿈을 펼쳐나갈 때에도 중요하게 작용합니다.

만약 아이가 책상에 오래 앉아 있는데도 성적이 나오지 않는다면, 몇 가지 문제를 살펴봐야 합니다.

우선, 두뇌 에너지의 부족 상태를 점검해보아야 합니다. 두뇌 에너지가 부족할 경우, 집중력을 제대로 발휘하기 힘들고 학습을 제대로 수행하는 것이 어렵습니다. 장시간 학습 스트레스에 노출되는 수험생들에게 자주 나타납니다. 학구열이 높은 지역의 초등학생에게서도 이런 두뇌의 번아웃 현상이 자주 관찰됩니다. 갑자기 아이가 짜증이 심해지거나 피곤하다는 이야기를 자주 한다면 이를 체크해보는 게 좋습니다.

수면 상태, 비염, 소화 기능, 장 기능 등 자율신경 기능을 함께 확인해야 합니다. 자율신경은 두뇌에 에너지를 공급하는 자가발전 시스템입니다. 이 부분에 문제가 오면 학습을 제대로 수행할 수 있는 두뇌의 에너지 레벨을 유지하는 것이 쉽지 않습니다. 학습을 수행하는 데 어려움을 겪고 있는 아이가 수면의 질이 좋지 않거나 비염, 복통, 변비 등을 겪고 있다면 반드시 이 문제를 개선해주는 것이 좋습니다.

또한 긴장, 불안 등의 정서적인 불안과 감각과민 같은 문제를 가지고 있는지 살펴야 합니다. 부정적 정서와 감각과민은 뇌를 자극하여 집중을 힘들게 만듭니다. 집중은 내부 의식으로 전환하기 위해 외부 감각을 둔감하게 만들고 자극에 대한 민감도를 줄여야 하는데, 정서적 불안과 감각과민은 집중을 어렵게 합니다. 이런 경우 스트레스에 취약하여 중고등학교로 올라가면서 학습에 어려움을 느끼는 경우가 많고, 시험 불안증을 겪기도 합니다.

자세가 바르지 않은 경우 신경의 구조적인 문제가 집중을 힘들게 만들거나 좌우 뇌가 통합하여 작용하는 것을 어렵게 합니다. 학년이 올라가면 책상에 앉아 있는 시간이 길어지면서는 목이나 허리의 통증을 유발해 학습 효율을 떨어뜨리기도 합니다. 특히 뇌를 감싸고 있는 두개골과 턱관절, 경추의 불균형은 눈의 초점 유지와 좌우 뇌의 통합을 구조적으로 어렵게 만들어 학습 장애를 유발할 수 있습니다. 평소 책상에 앉아 있는 자세가 삐딱하거나 얼굴 비대칭, 부정교합, 측만증을 가지고 있다면 의심해 보아야 합니다.

이러한 문제가 학습 능력과 무슨 상관이냐고 생각할 수 있습니다. 하지만 두뇌의 고차 기능인 학습 능력을 제대로 발현하기 위해서는 기본 전제 조건이 제대로 갖추어져 작동해야 합니다. 만약 일부라도 문제가 생길 경우, 밑 빠진 독에 물 붓듯 학습을 위한 노력이 수포로 돌아갈 수 있습니다. 오래 공부하는데도 성적이 오르지 않는다면, 숨어 있는 뇌 불균형의 요인들을 찾아 보완하고 개선해야 합니다.

"암기 과목은 잘하는데
국어 실력이 떨어져요"

선우는 초등학생 때 검사만 받고 갔다가 몇 년 후에 다시 내원해 치료를 시작했습니다. 다른 기관에서 ADHD, 경계선상 발달지연 등의 진단을 받아 인지 치료, 사회성 치료, 미술 치료, 뇌파치료 등 안 해본 게 없다고 합니다. 끝내 효과를 보지 못하고 돌고 돌아 다시 저를 찾아왔습니다.

처음 저를 찾아왔을 때 바로 치료했더라면 훨씬 빨리 좋아지지 않았을까 싶었지만, 한편으로는 다른 곳을 두루 거쳐봤기에 저의 치료에 더 신뢰를 갖고 따라올 수 있다는 생각도 들었습니다. 인연에는 다 때가 있는 모양입니다.

선우의 어머니는 자녀 교육에 관심이 많았습니다. 형이 공부를 잘하고 똑똑했기에 둘째인 선우와 비교하면서 편애를 많이 했다고 합니다.

"선우가 어려서부터 잘하는 것도 없고 공부도 잘 못 따라오니까 정말 밉더라고요. 내 자식인데도 예쁘지 않고 외면하게 되는 거예요. 나중에는 나 때문에 둘째가 저렇게 됐나 싶어서 마음이 편치 않았어요. 지금은 속죄하는 마음으로 치료하고 있답니다."

어머니는 선우가 공부를 열심히 하는데도 성적이 나오지 않아서 걱정이라고 했습니다. 이 병원 저 병원 다니면서 여러 가지 치료를 오래 했는데도 효과를 보지 못했다고 합니다.

선우의 학교 성적은 중간 정도였습니다. 국어 성적은 많이 떨어졌지만 그래도 암기 과목은 점수가 나오는 편이었습니다. 명문대에 들어간 형과 비교하면 어머니 기대에는 한참 못 미치는 상황이었습니다. 인지 발달이 많이 떨어지는 경우라면 아예 특수교육을 따로 받을 수도 있을 텐데, 선우는 이도 저도 아닌 경계선상에 있어서 지금까지 치료 방향을 못 잡고 있었습니다.

어머니는 상담할 때마다 선우의 성적에 대해 고민을 털어놓았지만, 제가 보기에 선우의 가장 큰 문제는 공부가 아니었습니다. 선우는 단편적인 지식을 받아들이는 것은 잘했지만, 전체 맥락과 의미를 파악하는 두뇌 기능이 약했습니다. 그래서 언어 이면에 있는 깊은 뜻을 잘 알아차리지 못했고, 운동신경도 떨어지고, 말할 때 발음도 어눌해서 친구들에게 늘 놀림을 받았습니다. 그러니 사회성이 좋을 수가 없었습니다. 선우는 엄마가 하는 말의 맥락도 정확히 이해하지 못할 때가 많았습니다. 선우가 뭘 잘못했을 때 엄마가 "잘한다, 잘했어" 하면 아이는 이렇게 묻습니다.

"내가 잘못했는데 엄마는 왜 잘한다고 해?"

'잘한다'는 말이 비꼬는 의미나 반어적인 표현으로 사용될 수 있음을 선우는 이해하지 못하는 것입니다. 친구들과 대화할 때도 마찬가지입니다. 다른 아이와 놀고 있는 친구에게 선우가 같이 놀자고 했더니 "지금 말고 다음에 같이 놀면 안 될까?"라는 답이 돌아옵니다. 선우는 그게 무슨 뜻인지 이해하지 못하고 "왜 그래? 지금 같이 놀자."라고 대꾸합니다. 친구 입장에서는 이미 짝이 정해져 있고 한창 놀던 중이라 중간에 다른 아이가 끼어드는 게 달갑지 않았겠지요. 보통 아이들은 적당히 빠질 줄 아는데, 선우는 그런 분위기를 잘 감지하지 못합니다. 그래서 새 학기에 친했던 친구들도 시간이 지나면서 점차 아이를 멀리하고 함께 어울리기를 꺼렸습니다.

선우가 공부를 조금 더 잘하려면 어떻게 해야 되느냐고 재차 묻는 어머니에게 선우의 문제는 성적에 있지 않다는 사실을 말씀드렸습니다.

"어머니, 지금 선우에게는 점수 몇 점 잘 받는 게 중요한 게 아니에요. 선우의 두뇌는 지금 단편적 지식을 받아들이는 영역만 발달해 있고, 타인의 감정에 공감하거나 분위기를 파악하는 영역은 발달이 더딘 상태예요. 그래서 선우가 곧이곧대로 하거나 시키는 대로 하는 일부 학습은 잘하고 있지만, 한계가 있는 거예요. 두뇌를 더욱 성장 발달시키기 위해서는 지금처럼 공부에만 너무 집중해서는 안 됩니다. 학원을 줄이고, 미술이나 운동 같은 비언어적인 감각을 발달시키는 활동을 늘려주는 편이 좋겠습니다. 그러면 두뇌가 균형 있게 발달할 테고, 결과적으로 공부도 더 잘할 수 있을 거예요."

굳이 두뇌 발달 단계로 따지자면 선우는 우뇌 영역, 즉 감성적인 부분이 약한 편이었습니다. 숫자나 단어처럼 명확하게 떨어지는 것은 잘 받아들이지만, 비언어적인 다양한 뉘앙스나 분위기를 파악하는 데는 미숙했지요.

흥미롭게도 성적에도 그런 특징이 그대로 반영되었습니다. 선우는 별다른 이해 없이 암기만 하면 되는 과목은 점수를 잘 받았습니다. 하지만 주인공의 감정을 이해해야 하는 소설이나 시처럼 중의적이고 은유적인 의미를 해석해야 하는 국어 영역을 특히 어려워했습니다. 지문을 읽고도 작가의 의도나 주제를 파악하는 것이 어려웠고, 다른 과목에서도 문제 설명이 길어지거나 문제를 꼬아놓으면 이해하지 못하니, 책상에 오래 앉아 있어도 성적은 늘 중하위권에 머물 수밖에 없었지요.

사실 이런 아이들에게는 더 좋은 학원을 보내거나 실력 있는 선생님을 만나게 해주는 것이 그리 큰 도움이 되지 않습니다. 그전에 보통 아이들보다 취약한 우뇌 영역을 어떻게 균형 있게 발달시킬 수 있을까를 고민해야겠지요. 우뇌적 감수성이 부족한 아이가 다른 사람의 감정을 조금이나마 이해할 수 있는 방법을 찾아야 한다는 말이지요.

어머니에게 이번 방학에는 선우에게 책을 원작으로 해서 만든 영화를 많이 보여주라고 귀띔했습니다.

"네? 책을 원작으로 한 영화요?"

어머니가 반문했습니다.

"네. 먼저 책을 읽고, 그것을 영상화한 장면을 보다보면 선우가 사람 사이에 흐르는 미묘한 감정을 조금은 이해할 수 있을 거예요. 이렇게 언어적인 영역과 이미지 영역을 연결하는 연습을 자꾸 하다보면 친구들과 의사소통하는 데도 도움이 되고 문학작

품을 이해하는 데도 도움이 될 거예요."

뇌 불균형을 개선하는 치료와 더불어 생활에서 적용할 수 있는 여러 방법을 적용했습니다. 선우는 두뇌의 약한 영역이 점차 발달하기 시작하면서 자신감이 많이 생기고 친구들과도 잘 어울리기 시작했습니다. 소극적이던 성격도 자기 생각을 잘 표현하는 적극적인 성격으로 바뀌었지요. 그리고 학년이 올라가면서 성적도 중상위권으로 더 많이 올랐습니다.

처음에 봤을 때는 저와 눈도 잘 마주치지 못하고 무기력하던 선우가 어느 날 자신감 있고 반짝이는 눈으로 이렇게 이야기합니다.

"원장님, 제 인생은 치료를 받기 전과 후로 완전히 달라졌어요. 전에는 아무 생각 없이 제 안에 갇혀 살아왔던 것 같은데, 이제는 닫혀 있던 눈과 귀가 열린 것 같아요. 이제야 세상이 제대로 느껴져요."

성장 과정에 따른
뇌의 발달 과정

아이가 갓 태어나 한 해 한 해 성장함에 따라 부모의 고민도 점차 커져갑니다. 내원하는 보호자들을 상담하다보면 아이의 성장 시기에 따라 각기 다른 고민을 품고 있음을 알 수 있죠.

뇌 전문가의 입장에서 보면 아이들에 대한 부모의 고민은 두 뇌의 성장이 잘 이루어지고 있는지에 대한 고민이라고 볼 수 있습니다. 그래서 아이를 건강하고 균형 있게 잘 키우고 싶다면 부모가 먼저 뇌의 발달 과정을 이해해야 합니다. 이쯤에서 아이의 뇌 발달 과정에 따라 어떤 현상들이 나타날 수 있는지 살펴보도록 하겠습니다.

건강 영역 (1~4세)	정서 영역 (4~7세)	인지 영역 (7~10세)	학습 영역 (10~13세)	고차인지 영역 (13~16세)
건강하게만 자라다오	미운 4살, 7살	공교육의 시작	학습 발달	사춘기
자율신경계 발달 대근육 발달 운동, 감각 발달	감정, 욕구 발달 언어 인지 발달 소근육 발달	전두엽 발달 자기 조절 발달 인지 발달	주의집중력 발달 학습 능력 발달 사회성 발달	자아 발달 2차 성징 발현 두뇌 확장기

태아 : 뇌와 신경의 기초 발달

태내에서 처음 3개월은 수정체가 태아로 발달하는 시기로, 주요 신경계와 장기가 형성되는 시기입니다. 임신 3개월의 시기는 보통 아기가 생긴 것을 처음 알아차리는 때이기도 합니다. 6개월에는 뇌와 신경계의 기본적인 발달이 이루어지고, 9개월이 되면 태아로 완전하게 발달합니다.

수정 이후 출산까지는 대략 270일(약 9개월) 정도가 소요됩니다. 이 9개월의 기간은 뇌가 발달하는 일반적인 성장 주기라고 할 수 있습니다. 실제로 아이들의 뇌 불균형을 치료할 때도 3개월 정도가 되면 긍정적인 변화가 관찰되기 시작하고, 9개월 정도가 되면 변화가 안정적으로 자리 잡습니다.

1~4세 : 운동 발달과 자율신경 발달

1세부터 4세까지는 감각신경과 운동신경이 발달하고 생명 유지에 관련된 자율신경이 발달하는 시기입니다. 엄마 뱃속에 있을 때 가장 먼저 발달하는 감각은 청각신경이고, 태어나서 몇 개월 안에 시각신경이 발달하면서 오감이 깨어나기 시작합니다. 그와 동시에 목 가누기와 뒤집기 등을 하면서 운동신경이 발달합니다. 아이는 목 가누기와 배밀이를 하면서 경추와 흉곽 부위의 신경 시스템을 만들어가고, 그 후에 네 발로 기면서 좌우 신경이 교차되는 과정을 거칩니다.

가끔 아이가 기는 과정을 거치지 않고 바로 섰다고 자랑하는 부모들이 있는데, 두뇌 발달 차원에서 보면 이는 바람직한 현상은 아닙니다. 집을 지을 때 기초공사부터 차근차근 다져나가야 하듯, 아이의 발달 단계도 과정을 하나하나 충실히 밟아나가는 것이 좋습니다. 그래야 아이가 성장 과정에서 나타날 수 있는 불균형 문제들을 최소화하면서 클 수 있으니까요.

아이가 네 발로 기는 과정을 충분히 거쳐야 관련 신경이 교차 발달할 수 있고, 허리와 요추 신경도 성장할 수 있습니다. 그런데 이 과정을 제대로 거치지 않았다면 기는 과정에서 발달해야 하는 신경과 근육들이 제대로 발달하지 않을 수 있습니다. 이는 아이가 성장하는 과정에서 언제든 뇌 불균형 문제의 원인이 될 수 있습니다.

아이가 네 발로 기는 과정을 거쳐 걷는 과정으로 무사히 넘어갔다면, 그다음에는 앉고 걷고 자세를 유지하는 데 필요한 대근육들이 발달합니다. 이 근육들은 나중에 뛰고 달리고 복잡한 운동을 할 때 중요한 역할을 합니다. 대근육이 어느 정도 자리 잡힌 후에는 손으로 잡거나 집는 동작, 글씨를 쓰고 단추를 채우고 신발 끈을 묶고 젓가락질을 하는 등 좀 더 섬세한 동작을 수행하는 소근육이 발달합니다.

몸의 신경 시스템이 자리 잡는 과정에서 수면이나 소화, 흡수에 관련된 자율신경도 같이 발달합니다. 갓 태어난 아이들은 대부분의 시간을 잠을 자면서 보냅니다. 처음에는 수면 시간이 길지 않아서 두세 시간에 한 번씩 깹니다. 그러다 점차 수면 시간이 길어지고, 깨지 않고 잘 자게 됩니다. 잠자는 동안 아기의 뇌는 휴식을 취하고 기억을 재정비합니다. 100일 정도 지나면 수면 시스템이 어느 정도 자리를 잡습니다. 이때부터는 쉽게 깨지 않고 일정한 수면 시간을 유지할 수 있습니다. 양육자들이 '백일의 기적'이라고 부르는 시기죠. 이 시기 아이들은 보고 듣고 느끼는 정보의 양이 엄청나게 많기 때문에 뇌가 쉽게 지칩니다. 그래서 대부분의 시간을 잠을 자면서 보내는 것이지요. 우리 애가 잠만 잘 잤으면 좋겠다고 하는 시기가 바로 이때입니다.

아이의 수면 시스템이 어느 정도 정착되면 보호자의 소원은 아이가 잔병치레 없이 건강하게 자라줬으면 하는 것으로 바뀝니다. 이때가 아이들이 면역력을 기르고 소화 흡수가 잘되고, 체온 조절 능력을 기르며, 대소변 가리기를 하는 시기입니다.

이렇듯 한 살에서 세 살까지는 아이가 한 사람의 인간으로 살아가는 데 필요한 기본적인 것들을 구축해나가는 시기입니다. 감각신경이 발달하고, 신경 시스템이 만들어지며, 대근육과 소근육 등이 폭발적으로 성장하는 때입니다.

태어났을 때 아이의 두뇌는 약 350그램으로 성인 뇌의 4분의 1 크기입니다. 이렇게 작은 뇌가 생후 3년 만에 1,000그램에 도달할 정도로 급격하게 성장합니다. 뇌의 신경세포 수는 약 1천억 개로 태어날 때 가장 많았다가 성장 과정에서 신경세포의 회로가 재구성되면서 적정 수준을 유지합니다.

4~7세 : 정서 발달과 언어 발달

네 살 이후부터는 "좋다", "싫다", "갖고 싶다"와 같은 정서가 발달하고 그것을 언어로 표현하기 시작합니다. 자기 것에 대한 개념이 생기고, 하고 싶은 것이 생기면 바로 해야 직성이 풀립니다. 한마디로 이 시기에는 자기 욕구를 표현하고 떼쓰는 일이 많아집니다. 이러한 욕구를 표현하기는 하지만 아직 인지 능력이 충분히 발달하지는 않은 때라서 말이 잘 통하지는 않습니다.

예를 들어 마트에서 좋아하는 장난감을 봤다면 이 시기 아이들은 주저앉아 떼를 씁니다.

"엄마가 지갑을 안 가져왔어. 나중에 사줄게."

이렇게 달래고 설득해봐야 소용이 없습니다. 말이 통하지 않으니까요. 이 시기 아이들의 뇌는 당장 하고 싶은 것을 해야 하고, 먹고 싶은 것을 먹어야 합니다. 어떻게 해서든 갖고 싶은 것을 가져야 직성이 풀립니다. 흔히들 '미운 네 살'이라고 하는 시기지요. 사춘기와 더불어 아이들의 뇌에서 전폭적인 발달이 일어나는 성장통 같은 시기입니다.

양육 과정에서는 이 시기 아이들을 다루기가 쉽지 않지만, 아이들의 두뇌 발달 과정에서 보면, 자기 것에 대한 개념이 생기고, 소유에 대한 욕구가 발현되는 시기입니다. 그러니 그러한 개념이 잘 자리 잡힐 수 있도록 도와주어야 합니다. 이 시기에는 아이의 잘못된 행동을 잡아주겠다고 너무 무섭게 다그치기보다는 더 성장할 때까지 참고 기다려주는 인내가 필요합니다.

7~10세 : 인지 발달과 전두엽 발달의 시작

무작정 떼를 쓰던 시기를 지나 7세가 넘어가면 이제 아이들의 뇌에서 인지가 발달하기 시작합니다. 부모가 알아듣게 얘기하면 얘기가 통하고, 사고 싶은 것을 다음에 사준다고 하면 수긍할 줄도 압니다. 자기 조절을 담당하는 전두엽 기능이 본격적으로 발달하는 시기지요. 7세부터 초등교육을 시작하면서 기본적인 인지 능력이 발달하고 수 개념도 생기고, 언어 능력도 발달합니다. 학교생활과 학습을 시작하면서 아이의 공부와 사회성에 대한 부모의 걱정이 함께 늘어가는 시기이기도 합니다.

10~13세 : 학습 발달과 사회성 발달

초등학교 4학년이 되면서 아이들은 읽기, 쓰기, 생각하기 등의 학습과 관련된 두뇌 회로가 왕성하게 발달합니다. 이 시기에는 좋은 공부 습관과 긍정적인 기억을 만들어주는 것이 중요합니다. 너무 과도한 학습은 스트레스를 주어 뇌 발달에 좋지 않으며 크면서 오히려 공부를 싫어하는 아이가 될 수 있습니다. 또한 사회성이 발달하는 시기여서 같은 성별의 친구 관계가 중요해지고 이성 친구에 대한 개념도 생깁니다.

13~16세 : 고차인지 발달과 자아 발달

뇌에서 보다 고차원적인 인지영역이 발달하면서 자기 생각과 주장이 강해지고 정체성을 만들어가는 시기입니다. 이때는 아이가 독립적으로 커나가는 과정이므로 아이와의 심리적·물리적 거리를 확보해주는 것이 좋습니다. 이 시기는 부모에게도 마음의 준비가 필요합니다. 아이가 독립하기 위한 변화의 시기임을 인정하고 받아들이면서, 부모도 아이에게 집중되어 있던 삶을 자신에게 돌려 스스로의 삶에 충실할 수 있도록 변화해야 합니다.

아이의 뇌는 건강을 유지하기 위한 신경계가 가장 먼저 발달한 뒤, 점차 정서와 언어 영역의 발달을 거쳐 초등학교 시기에는 인지와 학습 영역이 발달하고, 중학교 때는 사춘기를 거치면서 자아감이 발달합니다. 이런 과정을 거치면서 시기별로 문제없이 아이의 뇌가 잘 발달하고 있는지 살펴보아야 합니다. 뇌 불균형의 문제는 시기별로 발달해야 하는 뇌 발달이 제대로 이루어지지 않을 때 발생합니다. 현재 드러나고 있는 문제의 뿌리는 대부분 뇌 발달 과정에서 비롯합니다. 그래서 아이의 문제 원인을 찾기 위해 어렸을 때부터의 발달 과정을 꼼꼼히 체크합니다.

이유 있는
사춘기

아이의 두뇌가 발달하면서 크게 성장통을 겪는 시기가 있는데요. 바로 '사춘기'입니다. 사춘기는 13세에서 16세 사이에 2차 성징이 나타나고, 자아정체성이 만들어지는 급격한 뇌 발달 과정에서 신체적·심리적으로 불안정한 시기입니다.

특히 청소년기가 시작되면 대뇌피질의 앞부분에서 보다 극적인 변화가 일어납니다. 대뇌피질은 우리의 의식이 깨어 있도록 해주는 부위지요. 우리가 생각을 하게 되고, 상황을 판단하고 분석하며, 잠시 멈추어서 무슨 일이 일어나고 있는지를 숙고할 수 있는 것은 모두 대뇌피질이 성장하고 발달했기 때문에 가능한 일입니다. 대뇌피질에 있는 전두엽 부위가 중요한 이유는 이 부위가 뇌의 신경들을 서로 통합하고 이어주는 역할을 하기 때문입니다. 이를 통해 대뇌피질은 뇌의 각 부위뿐 아니라 신체 전반에 걸친 신경체계에서 일어나는 활동을 통합하고 계획하는 중추 역할을 합니다. 또 이 부위는 생각하고 판단하는 것 외에 타인에 공감하고 도덕적으로 행동하는 것과 같은 사회적인 활동에도 영향을 미치지요.

따라서 청소년기는 이제까지 성장하고 발달해왔던 다양한 신경 부위들을 보다 높은 수준에서 통합하는 시기라고 할 수 있습니다. 이런 과정을 통해 감정을 통제할 수 있고, 보다 지혜롭게 사고할 수 있습니다. 자기 자신을 이해하고 사회적인 행동 양식을 배워가면서 점차 한 사람의 성인으로 성장하는 것이지요.

이 시기 청소년들의 뇌에서는 다양한 가지치기와 통합이 이루어지므로 불안정하고 극적인 변화를 보입니다. 그러니 사춘기 아이들과 갈등을 겪고 있는 부모라면 아이의 두뇌 성장 단계상 이 시기가 어떤 때인지를 명확하게 이해하고 미리 대비하는 것이 좋습니다.

예를 들어 중학생 아들을 키우는 엄마가 이 시기에 통명스러워지는 아이와 잘 지내보겠다고 노력하면 오히려 관계가 더 악화될 수 있습니다. 이 시기 아이들은 독립심을 기르고, 또래와 교류하면서 한창 사회성을 키워갑니다. 더 이상 엄마 품에서 고분고분 말을 듣던 어린아이가 아니지요.

그런데 엄마가 자꾸 관심을 갖고 사사건건 신경을 쓰면 아이는 귀찮아하고 반감을 품습니다. 더 나아가 부모가 자기를 간섭하려 든다고 여겨 반발하거나 방어기제가 발동할 수 있지요. 물론 부모도 달라진 아이의 행동에 당황하고 상처를 받을 수 있습니다. 그런데 이 시기 아이들은 부모가 자기 때문에 상처를 받을 수 있다는 사실을 잘 인지하지 못합니다. 그래서 평소에는 부모를 배척하다가도 자신이 필요할 때는 부모에게 의지하는 태도를 보이지요. 부모는 그런 자녀가 야속하고 얄밉습니다. 부모 마음을 알아주지 않고 뜻대로 크지 않는 아이가 못마땅하고 실망스럽습니다. 부모 자식 간에 갈등의 골이 깊어지는 것이지요.

"선생님, 요즘 아이가 사춘기인지 너무 짜증이 많고, 말을 시켜도 대답도 안 해요. 제가 무슨 말만 하면 모두 잔소리로 받아들이고, 자기가 다 알아서 하겠다며 화를 내는 통에 아주 죽을 맛이에요."

사춘기 아이와 실랑이하다 지친 부모들은 이렇게 하소연합니다. 그러면 저는 아이의 두뇌 발달 단계를 바탕으로 설명할 수밖에 없습니다.

"사춘기는 아이의 두뇌가 급격하게 발달하는 시기라서 스스로 감정과 행동의 조절이 잘 되지 않을 때입니다. 아이가 일부러 나쁜 생각을 가지고 그러는 게 아니니까, 잘못을 고쳐주려고 너무 애쓰지 마세요. 부모님이 아이를 위해서 조언하면 할수록 아이는 부모를 피하고 짜증을 낼 거예요. 아이와 잘해보겠다고 애쓸수록 역효과가 날 뿐이니, 지금이야말로 기다림의 미학이 필요한 때입니다."

아이가 사춘기를 겪고 있다면 부모는 아이가 독립적인 행동을 보이는 것을 당연하게 여기고 기다릴 필요가 있습니다. 아이에게 먼저 다가가기보다는 아이가 도움을 요청할 때 필요한 도움을 주면 됩니다. 청소년기 아이들의 뇌는 부모의 통제에 따르기보다 자기 의사대로 움직이고자 함을 잊지 말아야 합니다.

☑ 체크 리스트 : 난독증

난독증은 집중력을 떨어뜨리고 공부를 힘들게 하는 가장 대표적인 뇌 불균형 질환입니다.

다음은 읽기 능력이 부족한 아이들에게 주로 나타나는 증상들입니다. 해당 사항이 많을수록 책을 읽고 이해하는 문해력이 부족할 가능성이 높습니다. 5개 이상 체크가 된 경우 중에 b와 d, p와 q, a와 e를 헷갈려 하거나 아와 어, ㄹ과 ㄸ 등과 같은 받침을 헷갈려 하는 경우에는 신경학적인 난독증 문제가 있을 수 있습니다.

읽기 능력 체크 리스트	
비슷한 단어와 비슷한 숫자를 혼동한다.	
읽은 줄을 놓치고 줄을 건너뛴다.	
그림이 있거나 만화로 된 책만 보려고 한다.	
단어나 문장의 순서를 바꿔 읽을 때가 많다.	
혼자 책을 읽기보다 자주 읽어달라고 한다.	
글이 긴 지문을 읽는 것을 힘들어한다.	

금방 읽은 것도 쉽게 잊어버린다.	
단어를 잘 못 외우고, 아는 단어도 헷갈려 한다.	
베껴서 쓰더라도 틀리거나 잘못 쓰는 경우가 많다.	
책을 제대로 읽고 있는지 의문이 들 때가 많다.	
좌우, 상하 등의 방향 감각 및 공간지각에 어려움이 있다.	
어려서는 책을 좋아했는데, 크면서 점차 책 읽기를 싫어한다.	
책장 넘기는 속도가 너무 느리거나 너무 빠르다.	
책을 읽고서 내용을 요약해서 말하는 것이 잘 안 된다.	
또래보다 늦게 한글을 익혔다.	
아는 문제인데도 자꾸 실수로 틀린다.	
어렸을 때 약시 혹은 사시가 있었다.	
책을 소리 내어 읽는 것을 싫어한다.	
문제를 읽고 풀 때는 틀리고, 말로 설명해주면 제대로 푼다.	
책 읽기를 싫어하고 게임이나 영상에 매우 집착한다.	

■ 1~3점 : 잠재 위험 단계

겉으로는 문제가 없어 보이지만, 학년이 올라가면서 읽기 능력의 약한 고리가 드러날 수 있습니다. 의미 단위로 나누어 읽고 내용을 요약하는 연습을 꾸준히 해야 합니다.

■ 4~6점 : 주의 단계

읽기 능력 저하로 학습 전반에 영향을 받을 수 있습니다. 수업을 들을 땐 이해하지만, 혼자 책을 읽으면 이해가 어려운 경우가 많습니다. 시험과 과제 수행이 어려울 수 있어 고학년이 되어 학습량이 많아지기 전에 전문 상담을 받아보는 것이 좋습니다.

■ 7점 이상 : 위험 단계

신경학적인 시각 정보 처리에 문제가 있을 가능성이 높습니다. b와 d, p와 q, a와 e를 헷갈려 하거나 아와 어 등의 모음과 맞춤법을 헷갈려 할 경우는 난독 관련 전문적인 진단이 필요합니다.

3장

뇌가 만드는
마음의 문제

수학 영재 아이에게
시급하게 필요했던 것

초등학교 4학년 성재를 데리고 어머니가 병원을 찾아왔습니다. 어머니는 성재가 평소에 성격이 예민해서 짜증이 심하고 잠을 잘 못 잔다고 설명했습니다. 성재가 수학을 잘하니 영재원에 보낼 계획이라고도 덧붙였죠.

그런데 진료를 좀 더 해보니 성재는 잠만 못 자는 게 아니라 평소 비염과 두통을 달고 살았습니다. 게다가 성재는 눈을 자꾸 치켜뜨는 버릇이 있었는데, 어머니는 그게 틱이라는 사실을 모르고 있었습니다. 성재는 뇌 불균형의 문제가 이미 겉으로 드러난 케이스입니다. 예민하고 짜증이 심한 정서적 문제가 수면장애, 비염, 두통으로까지 발전되었고, 이제는 틱 증상까지 나타나고 있었습니다. 머리가 좋아서 공부를 잘할 수는 있지만, 틱이 심해지면 그 또한 한순간에 무너져내릴 수 있습니다.

불안, 긴장, 분노 같은 부정적인 정서가 지속되고 있다는 것은 뇌의 발달 과정에서 불균형 요인이 심해지고 있다는 신호입니다. 이런 부정적인 정서 상태가 계속되면 수면이나 면역, 소화 쪽에 문제가 올 수 있고, 이유 없는 두통이나 복통이 반복될 수도 있습니다. 이러한 문제가 점점 심해지면 불균형의 편차는 계속 심해지면서 결국 강박증이나 틱장애, 주의력 결핍장애 등으로 발전할 수 있습니다.

이런 아이들이 정서적인 문제 없이 원하는 바를 꾸준히 이루기 위해서 부모님들은 무엇을 해야 할까요? 아이가 영재원에 들어가는 데 필요한 학원을 미리 알아보는 것도 중요하지만 아이가 높아진 난이도와 학습량을 무리 없이 따라갈 수 있을지 잘 살펴보아야 합니다. 아이가 버거워하는 부분이 있다면 스트레스가 쌓이지 않고 두뇌가 번아웃되지 않도록 신경 써주어야 합니다.

만약 성재처럼 짜증이나 불안이 심해지거나 두통이나 복통, 수면장애 같은 문제가 나타난다면 아이의 뇌에 과부하가 있는 것은 아닌지, 숨어 있는 뇌 불균형의 문제가 있는 것은 아닌지 확인할 필요가 있습니다. 아이의 뇌가 보내는 이상 신호를 빨리 알아채고서 부족해진 에너지를 보완해주고 학습을 담당하는 전두엽의 힘을 길러주는 데 공을 들여야 합니다. 그래야 나중에 상급 학교에 진학해서도 힘든 학업 과정을 정서적 흔들림 없이 이겨낼 수 있습니다.

아무리 머리가 좋고 공부를 잘하더라도 뇌 불균형의 문제를 가지고 있을 경우, 모래 위에 쌓아올린 누각처럼 한순간에 허물어질 수 있습니다. 많은 사람들이 공부 실력은 IQ에서 나온다고 생각하지만 지능이 좋아도 정서적 문제를 극복하지 못해 제 실력을 발휘하지 못하는 경우가 상당히 많습니다. 실력 또한 뇌의 컨디션을 지속적으로 유지할 수 있을 때라야 의미가 있지요.

두뇌가 건강한 아이들은 성장 단계마다 필요한 신경 회로를 차곡차곡 만들어가기 때문에 조금 힘든 일이나 장애를 만나도 정서적으로 쉽게 흔들리지 않습니다. 그러나 뇌의 성장이 불균형한 아이들은 지금 당장은 반짝 재능을 발휘할 수 있을지 모르지만 그 재능을 지속시키기 쉽지 않습니다. 불안하고 쉽게 긴장하고 예민한 성향은 재능을 발휘하는 데 걸림돌이 되기 때문입니다.

부모들이 아이의 뇌 불균형 문제에 관심을 가지고 균형 있는 발달을 신경 써주지 않으면 재능은 순식간에 무너져내릴 수 있습니다. 한때 영재라며 TV에 출연했던 아이들이 성장한 후 너무나 평범해져 있거나 사회에 잘 적응하지 못하는 경우를 종종 목격하죠. 이런 사례를 볼 때마다 '성장기 때 뇌 균형 발달을 도와줄 수 있었다면 얼마나 좋았을까' 싶습니다. 어렸을 때 아이가 영재성을 보이는 경우 한쪽이 잘 발달한 만큼 어딘가는 더 부족하게 발달하고 있는 게 아닌지 주의 깊게 관찰해야 합니다.

"예민함이
성격인 줄 알았어요"

"우리 아이는 짜증이 너무 많아요."

"긴장을 많이 하는 편이라 새로운 것에 적응하는 데 시간이 오래 걸려요."

"겁이 너무 많아서 아직도 잠을 엄마하고 같이 자야 해요."

"너무 잘하려고 하고 완벽하려고 해서 스트레스를 받아요."

예민한 성격 때문에 부모를 고생시키는 아이들이 있습니다. 감정적이고 정서적인 문제는 아이를 키우는 부모들을 참 힘들게 합니다. 그렇다고 해서 아이를 나무랄 수는 없습니다. 아이가 큰 잘못을 저지른 것도 아니고, 일부러 그러는 것도 아니니까요.

부모들은 그저 아이가 어렸을 때부터 그래왔으니 '원래 성격이 그런가보다' 하고 반쯤 포기한 채 살아갑니다. 흔히들 성격은 바뀌지 않는 영역이라고 믿습니다. 그래서 "우리 아이는 어렸을 때부터 원래 성격이 예민했어요"라고 이야기하는 경우가 많습니다. 그러나 저를 찾아오는 어린이 환자들을 치료하다보면 바뀔 것 같지 않은 아이의 성향도 드라마처럼 변하는 것을 자주 목격합니다.

성민이는 너무 예민한 성격 때문에 치료를 받기 위해 왔습니다. 어려서부터 예민하고 짜증이 많은 아이였는데, 학년이 올라가면서 분노가 더 심해져서 이제는 엄마에게 욕설을 퍼붓고 때리는 등 순간적인 폭력성을 주체하지 못하는 상태였습니다. 한 의원에 오기 전에 심리 치료를 1년 가까이 받았다고 하는데, 별다른 효과를 보지 못했다고 합니다.

그런데 성민이가 치료를 시작한 지 두어 달 만에 성격이 눈에 띄게 변했습니다. 짜증이 많이 줄어들고 스스로 화를 자제하려는 모습을 보이기 시작했습니다.

어머니의 첫 반응은 "신기하다"였습니다. 심리 치료 센터에서 1년을 치료했는데도 별다른 변화가 없던 아이가 어떻게 그렇게 빨리 호전될 수 있느냐는 것이지요.

성민이는 뇌 불균형으로 인해 어렸을 때부터 청각이나 촉감 등의 감각이 과민했습니다. 그래서 외부 자극에 민감할 수밖에 없었고 성격도 예민할 수밖에 없었습니다. 그런데 동생과의 잦은 다툼과 학습에 대한 엄마의 잔소리가 지속되면서 두뇌가 극도로 예민해지고 조그만 자극에도 분노가 폭발하는 상태까지 온 것이었습니다. 성민이의 약한 뇌 영역을 강화하고 감각과민을 해결해주니 뇌의 예민함이 안정되면서 자연스럽게 짜증과 분노가 줄어들었습니다. 성민이의 어머니는 이렇게 덧붙였습니다.

"워낙 어렸을 때부터 짜증이 많은 아이여서 저는 그게 아이 성격인 줄 알았어요."

부모들은 어려서부터 불안이나 긴장도가 높거나 짜증이 많은 아이들을 그저 성격 때문이라고 생각하는 경우가 많습니다. 그러나 오랫동안 아이들의 뇌 발달을 연구해오면서 정서적 문제가 뇌 불균형에서 비롯된다는 사실을 깨달았습니다. 뇌 불균형 문제는 뇌에서 부정적인 시그널을 발생시키는데, 이러한 상태가 불안이나 긴장, 분노, 강박 같은 부정적인 정서로 드러나는 것입니다. 이런 경우 단순히 심리적인 접근으로는 문제를 해결할 수 없습니다.

아이들은 달라질 수 있습니다. 조용하고 사람들 앞에서 말도 잘 못 하던 아이가 자기표현을 하기 시작하고, 매사 짜증 내던 아이가 감정을 조절합니다. 친구들과 늘 문제 상황을 만들던 아이가 남을 배려하는 모습을 보이기도 합니다. 놀라운 일이지요. 뇌가 변화하면 아이들의 성격이라고 생각했던 모습이 달라집니다. 이런 변화들을 수도 없이 관찰하면서 저마다의 뇌의 특성이 바로 성격을 만드는 것임을 알았습니다.

심리적 문제	신경학적 문제
• 외부적 요인	• 내부적 요인
• 양육 방식이나 환경적 요인	• 신경학적 요인
• 사건을 계기로 발생	• 어렸을 때부터 지속적으로 발생
• 복통, 두통 양상으로 나타남	• 성격으로 오인되기도 함
• 심리 치료, 놀이 치료	• 뇌불균형 개선

심리 치료로
해결할 수 없는 문제들

아이들이 정서적 문제를 갖고 있을 때, 부모들은 보통 아이를 데리고 심리 상담 센터를 찾습니다. 심리 상담과 검사를 통해 아이가 정말 정서적으로 문제가 있는지, 있다면 무엇 때문에 그러는지 알아보려는 것이지요. 그렇게 원인을 찾아내면 놀이 치료나 심리 치료 같은 방식으로 아이의 정서적 문제를 해결합니다.

그런데 실제 어린이 환자들을 진료하다보면 정서적인 문제에 대해 조금 다른 차원의 접근 방식이 필요할 때가 있습니다. 물론 어린 시절의 심리적인 트라우마로 인해 정서적 문제가 생겼다면, 심리 치료를 통해 상처를 풀어주는 것이 의미가 있습니다.

부모의 이혼, 잦은 이사, 전학 등으로 가정에서 부정적인 영향을 받았다면 심리 치료를 통해 풀어줄 필요가 있는 것이지요.

그런데 부모의 양육 방식이나 환경에 큰 문제가 없는데도 지속적으로 불안하고 예민하거나, 긴장과 강박 증상을 호소하는 아이들이 의외로 많습니다. 그런 경우에는 정서적 문제의 원인을 심리적인 요인에서 찾기가 어렵습니다.

부모, 환경 등 외부적인 원인이 아니라, 뇌 불균형 문제로 인해 감각이 예민해지면서 부정적 감정이 뇌에서 발생하는 것이기 때문입니다. 이러한 경우는 심리 치료를 받더라도 아이들의 정서적인 문제가 해결되지 않습니다.

피네아스 게이지(Phineas Gage)는 1848년에 미국 북동부 버몬트주에서 철도 공사를 하던 인부였습니다. 그는 작업 도중 폭약이 폭발하는 바람에 쇠막대기가 앞머리 쪽을 관통하는 중상을 입었습니다. 심각한 부상에도 불구하고 그의 생명에는 지장이 없었습니다. 다만 그는 신기하게도 사고 후에 성격이 완전히 다른 사람으로 변했습니다.

사고 전에 그는 책임감이 강하고 근면성실한 사람이었습니다. 예의 바르고 온화한 성품이라 주위 사람들의 평판이 좋았다고 합니다. 그런데 사고 후에는 변덕이 죽 끓듯 하고, 걸핏하면

화를 내는 사람으로 변했습니다. 달라진 그의 모습에 주위 사람들은 곤욕스러워했지요.

게이지는 머리 앞부분에 심각한 손상을 입었을 뿐이었습니다. 그런데도 그는 마치 심각한 심리적 트라우마를 입은 사람처럼 성격이 몰라보게 바뀌었습니다. 사고를 당하기 전과 후의 게이지는 분명 같은 사람인데, 왜 성격이 그토록 극단적으로 변했을까요? 바로 뇌 때문입니다. 그전까지 뇌과학자들은 사람의 성격이나 마음이 뇌와 관계가 있다고는 생각하지 못했습니다. 하지만 게이지의 사례는 뇌의 변화가 정서와 심리적인 문제에 영향을 줄 수 있음을 알려주었습니다.

뇌는 사람의 성격은 물론 정서적인 안정과 깊은 관계를 맺고 있습니다. 실제 환자를 치료하면서도 불균형한 두뇌 발달로 인해 아이들의 정서적인 문제가 드러나는 경우가 많았습니다.

뇌의 중간 변연계에 위치한 '편도체'라는 영역은 불안이나 공포의 감정을 조절합니다. 이는 생존을 위한 방어기전으로서 불안과 공포를 경고음처럼 조절하여 개체를 보호합니다. 뇌 질환으로 편도체를 제거한 사람은 공포라는 감정을 못 느끼게 되죠.

어렸을 때는 생존을 위해 편도체가 민감하게 역할을 하기 때문에 아이들은 낯선 사람을 보면 엄마 뒤에 숨기도 하고, 어두운 곳은 무서워합니다. 하지만 어느 정도 자신을 보호할 수 있을 만큼 성장하면 편도체도 함께 발달하면서 자연스럽게 무서움에 대한 감정도 줄어듭니다. 그런데 뇌 불균형을 가진 아이들은 편도체가 계속 예민하게 작동하면서 불안과 공포라는 경고음이 민감하게 울립니다. 이런 아이들은 청각이나 촉감 등의 감각이 예민하거나 외부 자극에 민감하고 스트레스를 쉽게 받습니다. 그래서 스마트폰이나 영상 등에 장시간 노출되거나 무서운 이야기, 영상, 놀이기구 등에 노출되었을 때 뇌가 예민하게 반응하기 때문에 그러한 활동은 되도록 제한하는 것이 좋습니다.

아이의 심리 문제로 놀이 치료나 심리 치료를 1년 이상 했는데도 불구하고 좋은 결과를 얻지 못한 채 한의원을 찾아오는 경우가 많습니다. 이런 경우 심리 치료보다 뇌 불균형을 덜어주고, 성장이 부족한 두뇌 영역에 충분한 영양과 에너지를 공급해주는 처방이 오히려 더 효과적일 수 있습니다. 또 약한 뇌 부위의 신경 회로를 훈련하고 강화하는 방법을 통해서 아이들의 정서에 놀라운 변화가 일어납니다. 정서적 문제를 뇌의 관점에서 접근하는 것만으로 긴장과 불안이 줄어들고, 짜증과 화를 조절할 수 있습니다. 문제의 본질을 정확하게 본다면 문제 해결은 시간문제입니다.

치료 기관마다
병명이 다른 이유

학교에서 친구들 사이에서 문제를 일으키는 도준이가 어머니의 손에 이끌려 한의원에 왔습니다. 집에서는 큰 문제가 없는데 학교에서는 자꾸 친구들과 말다툼하고 몸싸움까지 몇 번 벌였다고 합니다. 심리 상담 센터에서는 부모의 사랑이 부족해서 그렇다고 하고, 다른 기관에서는 분노조절장애라고 하고, 마지막으로 간 소아정신과에서는 ADHD라고 설명했다고 합니다.

"원장님, 도준이가 정확하게 ADHD가 맞나요?"

어머니는 도준이의 병명이 무엇인지 정확하게 확인받고 싶어 했습니다. 도준이가 일상에서 문제를 일으키고 있기에 병명이라도 정확하게 진단받기를 원하는 부모의 마음을 모르는 바는 아닙니다. 하지만 저는 부모님께 이렇게 이야기를 드렸습니다.

"어머님, 도준이가 ADHD인지 아닌지가 뭐가 그리 중요한가요? 도준이가 문제 행동을 할 수밖에 없는 두뇌 상태를 파악하는 것이 더 중요하지 않을까요? ADHD인지를 아닌지를 구분하는 것보다 중요한 건 도준이의 두뇌에 어떤 부분이 약해서 도준이가 그렇게 행동할 수밖에 없는지를 파악하는 일입니다."

병명보다 중요한 것은 왜 이러한 문제가 올 수밖에 없는지 그 원인을 아는 것입니다. 실제로 ADHD냐 아니냐를 따져봤자 아이에게 달라지는 것은 없습니다. 그보다는 아이의 두뇌에서 취약한 부분이 있어서 그것이 문제 행동으로 드러나고 있을 뿐임을 보호자가 이해하는 것이 중요합니다. 그리고 그 원인을 아이의 뇌 발달 과정에서 찾아야 합니다.

다만, 뇌의 문제는 성장 과정에서 여러 가지 요인이 복합적으로 작용하면서 만들어지기 때문에 한두 가지 기준만으로 쉽게 파악되지는 않습니다. 예를 들어 세균이나 염증 질환의 경우는 검사를 통해 병이 발생되었는지를 정확하게 진단할 수 있습니다. 그런데 뇌의 문제는 다릅니다. '어느 수치 이상이면 병리학적 증상이다'라고 자로 잰 듯 말하기가 애매합니다. 게다가 병리적인 문제로 단정 짓기 어려운 경계선상에 있는 아이들도 많기 때문에 더욱 진단이 어렵습니다. 따라서 뇌의 문제는 그런 모호함을 감안하여 분석하고 살펴보아야 합니다.

뇌의 불균형이 심해지면 그때부터는 아이의 정서나 행동에 문제가 나타나기 시작합니다. 아이가 활발한 것은 좋은데, 지나치게 활발해서 주변에 피해를 준다면, ADHD가 아닌지 의심해봐야 합니다. 신중한 건 좋은데, 지나치게 신중해서 매사에 걱정이 많고 아직 오지 않은 미래에 대한 두려움이나 불안에 잠식되어 있다면 강박이나 불안장애로 발전할 가능성이 있습니다.

그런데 뇌의 불균형으로 일어나는 문제들은 기준이 명확하지 않기에 부모님들이 대처하기 쉽지 않습니다. 실제로 부모님들 사이에서도 아이들을 바라보는 온도에 차이가 있습니다. 아이들이 일상생활을 하는 데 큰 문제가 없는데도 문제가 있다고 생각하는 완고한 부모가 있는가 하면, 학교에서 문제를 일으켜서 연락이 오는데도 심각하게 여기지 않는 무심한 부모도 있습니다. 학교 선생님들 또한 같은 아이를 두고 주의가 산만해서 문제라는 엄격한 선생님이 있는가 하면, 아이가 활발하고 톡톡 튄다고 귀여워해주는 개방적인 선생님도 있습니다.

병원도 크게 다르지 않습니다. 주의가 산만한 아이를 병원에 데리고 가면 어떤 병원에서는 이 정도는 괜찮다고 하고, 어떤 병원에서는 아이가 ADHD이니 특별 관리가 필요하다고 진단합니다. 이렇듯 뇌에 관한 문제에서는 사람마다 기관마다 기준이 천차만별이지요. 그래서 항상 저를 찾아오신 보호자분들에겐 아이에게 낙인처럼 병명을 확정 짓는 것보다 아이가 왜 그럴 수밖에 없는지 그 원인을 찾아내는 게 중요하다고 말씀드립니다.

도준이가 ADHD가 맞는지 확인하고 싶어하는 부모님께 뇌 불균형의 관점으로 아이에 대해서 설명했습니다.

"도준이는 몸의 중심이 앞쪽으로 쏠려서 불안정하고 항상 행동이 앞설 수밖에 없는 두뇌 상태에 있습니다. 중심도 불안정한 데다 시야의 범주도 좁다보니 친구들과 부딪힐 때가 많을 수밖에 없고요. 그럴 때 친구들은 왜 건드리느냐고 기분 나빠하는데 아이는 자기가 일부러 그런 게 아니기 때문에 안 그랬다고 우깁니다. 서로 다른 관점으로 우기다보니 싸움이 자주 일어나는 거예요. 아이는 자기는 잘못한 게 없는데 친구들이 자기를 싫어한다고 생각하고, 선생님께 만날 혼난다고 느끼니 억울할 수밖에 없었을 거예요."

도준이의 두뇌 성향에 대해 설명하니, 어머니의 표정이 달라졌습니다.

"여러 기관에서 검사를 해봐도 심리 문제다 ADHD다 이런 이야기만 하고, 도준이가 왜 그런지 원인에 대해서는 제대로 설명을 들어본 적 없는 것 같아요. 이제야 도준이가 왜 그랬는지 이해가 돼요. 도준이가 분명히 잘못을 해놓고도 인정하지 않아서 많이 혼냈거든요. 이런 줄 모르고 혼내기만 해서 미안하네요."

어머니는 아이에게 미안한지 눈물까지 보였습니다.

'죄를 미워해도 사람을 미워하지 말라'는 말처럼 '행동이 문제라고 해서 아이까지 문제라고 하지는 말자'라고 이야기를 자주 합니다. 아이들도 부모와 선생님께 인정받고 싶지만 그게 자기 마음대로 되지 않을 뿐입니다. 그러니 아이의 문제 행동에 병명을 붙이기보다는, 뇌의 어떤 부분이 약해서 지금의 문제가 드러날 수밖에 없는지 근원적인 탐색이 우선되어야 합니다.

"모범생인데
사회성이 부족해요"

정서적으로 문제가 있는 아이들 중에는 친구들과 관계를 유연하게 맺지 못하는 아이들도 있습니다. 반에서 반장을 할 정도로 공부도 잘하고 두각을 나타내는 아이인데, 유독 친구들 사이에서 문제가 많은 아이가 있었습니다.

부모님은 태윤이가 공부는 잘하는데 사회성이 떨어지는 것인가 걱정하여 내원했습니다. 주위에서는 태윤이가 모범생이라고 하는데, 어머니가 보기에는 문제가 있어 보인다는 것이죠.

"태윤이가 학교에 갔다 오면 친구들에 대한 불만을 많이 털어놔요. 그런데 얘기를 듣다보면, 좀 강박적이라고 해야 하나, 융

통성이 없다고 해야 하나…… 그런 면이 있어요. 제가 보기에는 친구 사이에 충분히 있을 수 있는 일인데도 용납하지 못하고 마음에 담아둬요."

"태윤이 성격이 좀 고지식하고 원칙을 따지나보네요."

"맞아요. 그냥 넘어가도 될 일에 지나치게 완고하게 굴어요. 예를 들어 선생님이 쓰레기를 버리지 말아야 한다고 하잖아요? 그러면 그걸 꼭 지켜야 돼요. 자기만 지키는 게 아니라 친구들에게도 강요해요."

"태윤이가 모범 강박의 성향을 가지고 있군요."

"좋게 보면 모범생인데, 제가 보기에는 답답해요. 한번은 친구하고 재미있게 놀고 나서 헤어질 때 친구가 내일 연락한다고 말했나봐요. 그런데 다음 날 그 친구한테 연락이 오기를 하루 종일 기다리는 거예요. 제가 '친구한테 다른 일이 생겨서 연락이 안 올 수도 있으니 포기하자'고 해도 하루 종일 기다리더라고요. 그러고선 연락하지 않은 친구와 단절하는 식이에요."

태윤이는 공부도 잘하고 선생님들에게는 인정을 받았지만, 사회성이 부족하고 친구들과의 관계는 좋지 않았습니다. 이런 아이들의 경우 다른 사람의 감정보다는 규칙을 인식하는 이성적인 두뇌가 발달되어 있습니다. 그래서 타인의 입장을 잘 이해하지 못하고 다른 사람의 잘못에 대해서는 매우 민감합니다. 규칙을 잘 지키고 자기 할 일을 잘하기 때문에 선생님들이 봤을 때는 모범생으로 보이기도 하지만 친구들과의 관계는 좋을 수가 없겠지요. 이러한 뇌 불균형 문제가 계속 방치된다면 점차 강박증, 편집증, 분노조절장애 등으로 발전해서 주변 사람을 힘들게 할 수 있습니다.

저는 이러한 문제 또한 마음이나 성격의 문제라기보다는 뇌 불균형의 관점에서 바라보고 있습니다. 이런 아이들은 성격이 이상한 게 아니라 상대의 감정을 읽고 공감할 수 있는 거울 뉴런이나 친밀감에 따라 물리적 거리감을 조율하는 뇌 영역이 미숙한 것입니다.

이런 아이들의 뇌 불균형을 검사해보면 시각 인식 범위가 상대적으로 좁게 나옵니다. 즉, 뇌가 인식하는 시야의 범주가 좁아서 자기도 모르게 자기 위주로 상황을 파악하고 다른 사람의 입장을 잘 헤아리지 못하는 것입니다. 그래서 이런 유형의 아이들은 성격도 다소 이기적일 수 있습니다. 다른 사람의 표정도 잘 관찰하지 못하는데, 자폐아처럼 아예 꽉 막혀 있는 수준은 아니지만 보통 아이들보다 둔한 것은 사실이지요.

타인의 감정에 민감한 사람들은 상대방의 표정만 보고도 상대방과 유지해야 할 거리를 본능적으로 압니다. 그동안 허물없이 장난치며 지냈던 사이라도, 오늘 상대방의 표정이 좋지 않으면 그에 맞춰 행동이나 심리적 거리를 조절하는 것이지요.

그런데 이런 두뇌 신경이 제대로 발달하지 않은 아이들은 상대방의 미묘한 표정 차이를 잘 읽어내지 못합니다. 매사 본인 위주로 생각하다보니 상대의 의도나 감정을 잘 헤아리지 못하죠.

이런 아이들에게 좀 더 넓은 마음으로 친구들을 이해해보라고 이야기해도 변화는 쉽지 않습니다. 문제가 더 심해지면 심리 센터에서 사회성을 높여주는 그룹 치료를 받아보기도 하지만 실제 두뇌의 변화가 따라주지 않으니 효과가 크지 않습니다.

이런 경우에도 심리적인 접근보다는 사회성의 감각을 키울 수 있는 뇌 영역을 자극해주는 것이 훨씬 효과적일 수 있습니다. 아이들의 다양한 뇌 감각을 깨울 수 있는 두뇌 운동과 두뇌 훈련 과정을 진행하는 식으로요. 사회성이 부족한 친구들에게는 주변을 좀 더 멀리 넓게 볼 수 있는 시각 운동, 타인의 움직임에 자신을 맞출 수 있는 거리와 강도 조절 훈련 등을 진행합니다.

아이의 문제를 마음의 문제로 보기보다는 뇌신경학적 관점에서 바라보기 때문에 치료 프로그램은 관련된 뇌 감각을 강화시켜주는 방향에 초점을 맞추고 있습니다. 해당되는 뇌 영역을 건

드리는 것만으로도 아이들에게는 놀라운 변화가 일어납니다.

태윤이도 치료를 진행하면서 전보다 더 친구들을 배려하게 되었고 학교생활에 자신감이 붙어 발표도 더 잘하게 되었습니다. 그러던 중 아이가 진짜로 변하고 있음을 어머니가 실감한 순간이 있었다고 합니다.

"지난번에 태윤이 뇌의 변화가 아이의 말과 행동으로 드러날 테니 잘 관찰해보라고 하셨잖아요. 며칠 전 버스에서 엄마 말을 안 듣는 다른 아이를 보면서 자기도 예전에 저렇게 행동했을 때 엄마도 힘들었겠다고 저를 걱정하는 거예요. 지금까지 한 번도 엄마의 마음을 헤아리는 이야기를 한 적이 없던 아이였는데, 제 입장을 생각해주는 말을 들으니까 눈물이 나더라고요."

그 전까지 어머니는 아이와 감정을 나누는 대화를 한 번도 해보지 못했다고 합니다. 자기 위주로만 생각하고 행동하던 아이가 비로소 주변 사람들을 느끼고 바라볼 수 있게 된 것입니다. 어머니는 아이의 천성인 줄만 알았던 성향이 정확한 원인 분석과 처방으로 바뀔 수 있음을 알고 놀라워했습니다. 두뇌의 균형 있는 발달을 돕는다면 아이들은 얼마든지 달라질 수 있습니다.

"불안하고 겁이 많은 게
뇌 때문이라고요?"

어려서부터 지속적으로 불안증이나 긴장, 분노, 강박 등의 심리가 보인다면, 이는 단순한 심리 문제가 아니고 뇌 불균형으로 인해 드러나는 문제입니다. 심리 문제는 어떤 사건이나 안 좋은 경험으로 인한 일종의 트라우마를 겪으면서 발생하지만 뇌 불균형으로 인한 불안과 긴장은 특별한 이유 없이 어렸을 때부터 지속되는 경향이 있습니다. 선준이는 불안과 긴장이 너무 심해서 치료를 받던 초등학생이었습니다. 어렸을 때부터 엄마와 떨어지는 것을 힘들어했고 유치원에 가서도 적응하는 데 시간이 오래 걸렸다고 합니다. 치료를 받으면서 증상이 많이 호전되고 있었는데 어느 날 갑자기 불안이 다시 심해졌습니다. 뇌 질환은 그 특성상 증상이 좋아졌다 나빠졌다를 반복하면서 완만하게 호전되는 것이 일반적입니다. 그런데 선준이의 경우는 다시 심해진 불안과 긴장이 좀처럼 안정되지 않았습니다. 선준이가 좋아져서 안심하던 어머니도 다시 걱정이 많아졌습니다. 왜 치료가 잘되고 있던 증상이 좋아지지 않을까. 저도 의문이 생겼습니다.

오랜 치료 경험을 통해 얻은 믿음 가운데 하나는 환자가 호전되지 않는 데는 그만한 이유가 있다는 것입니다. 다만 우리가 아직 그 원인을 밝혀내지 못했을 뿐이지요.

어머니와 심층 상담을 통해 아이가 일상에서 긴장과 불안을 느낄 만한 요소가 있는지 짚어보았습니다. 선준이가 어떻게 노는지, 무엇을 하면서 하루를 지내는지 원점에서부터 추적 조사를 한 것입니다. 그러다 선준이가 최근 팽이치기에 몰두하고 있다는 사실을 알아냈습니다. 단순한 놀이로서 즐기고 있다면 문제없지만 친구들과 경쟁하듯 팽이 놀이를 하고 있다는 것은 고려해봐야 할 문제였습니다. 게다가 배틀 형식으로 경쟁하다보니 하루에도 몇 번씩 수시로 팽이 돌리기를 하고 있었습니다.

승부욕과 경쟁심을 자극하는 놀이는 아이의 뇌에 충분히 긴장감을 줄 수 있습니다. 게다가 팽이를 돌릴 때 한쪽 팔만을 지속적으로 사용하는데, 경쟁에서 이겨야 하다보니 있는 힘껏 동작을 취하고 있었습니다. 언뜻 생각하면 그게 뭐 그리 영향이 있겠냐고 여길 수 있겠지만, 한 시간을 논다고 했을 때 한쪽 팔만 계속 사용하는 횟수는 생각보다 많았습니다. 이러한 놀이를 거의 매일 몇 시간씩 하고 있었으니 이는 뇌 불균형을 심화시킬 수 있는 요인이었습니다. 실제로 검사를 통해 몸의 균형을 확인해봤더니 선준이의 목과 어깨 쪽의 불균형이 굉장히 심해진 것을 확인할 수 있었습니다.

또 하나, 초등학교 3학년이 된 선준이는 요즘 만화 보는 데 빠져 있다고 했습니다. 어떤 만화를 주로 보는지 물었더니, 귀신이 나오는 아파트를 소재로 한 만화를 보고 있다고 했습니다. 궁금해서 찾아봤더니 아이들을 대상으로 삼기에는 상당히 자극적인 내용이었습니다. 낮에 봤던 만화 속 캐릭터들이 꿈에 나올 정도라고 말하는 걸 보니, 선준이의 뇌는 이런 부분에 민감하게 자극을 받고 있는 듯했습니다.

건강한 아이라면 같은 놀이를 하고 같은 만화를 본다고 해도 별 무리 없이 넘어갈 수 있었을 것입니다. 그러나 평소에도 뇌의 긴장도가 높고 불안감이 컸던 선준이는 이런 활동만으로도 취약한 뇌 부위가 충분히 자극될 수 있었습니다. 따라서 부모님들은 아이의 정서적인 문제가 심해질 때 일상에서 아이의 뇌를 자극하는 요소가 있는지 세심하게 살펴야 합니다.

실제로 예민하고 긴장도가 높은 아이들은 승부욕을 자극하는 놀이를 하는 것만으로 흥분도가 지나치게 높아질 수 있습니다. 그래서 이런 아이들은 치료 기간에 놀이공원이나 여행을 가는 것도 자제해야 합니다. 또 무섭거나 자극적인 콘텐츠를 자주 접하는 것도 뇌의 안정감을 유지하는 데 방해가 됩니다.

치료 중 다시 불안과 긴장이 심해진 선준이에게 당장 팽이 돌리기와 무서운 만화 보기를 그만두도록 했습니다. 그러자 비로소 불안 증상이 가라앉고 안정을 찾기 시작했습니다. 이렇게 뇌 불균형을 가진 아이들은 여러 가지 외부 자극에 민감하게 반응하기 때문에 생각지도 못한 요인에 의해서 문제 증상이 심해질 수 있습니다.

두뇌가 만드는
우리 아이 심리 유형

일반적으로 심리와 두뇌를 별개로 여깁니다. 하지만 심리는 두뇌의 작용에 의해 만들어지는 결과 중 하나입니다. 사람마다 두뇌의 어떤 영역이 민감하게 반응하는지에 따라 개인의 심리와 성격이 형성됩니다. 뇌 불균형의 편차가 심해질 경우, 일반적인 심리와 성격이 병명이 붙을 수 있는 심리적 문제로 발전할 수 있습니다.

아이들의 뇌 불균형에서 오는 심리 문제를 어떻게 알아볼 수 있을까요? 저는 아이들의 심리가 발현되는 양상을 크게 네 가지 타입으로 구분합니다. 뇌 불균형으로 인해 심리 상태가 어떤 식으로 불안정하게 드러나는지에 따라 흥분충동형, 우울무기력형, 긴장불안형, 모범강박형으로 구분하고 있습니다.

	성향	뇌 불균형 문제
흥분 충동형	· 쉽게 흥분한다 · 감정 기복이 심한 편이다 · 에너지가 넘친다 · 하고 싶은 것을 제지하면 저항이 심하다 · 인내심이 부족하다	· ADHD · 분노조절장애 · 게임 중독 · 품행장애
우울 무기력형	· 내성적이다 · 자기 의사표현이 없는 편이다 · 착하고 순하다는 이야기를 듣는다 · 체력이 약한 편이다 · 외부보다 실내 활동을 선호한다	· ADD(주의력 결핍) · 우울증 · 무기력증 · 허약 체질
긴장 불안형	· 누군가와 친해지는 데 시간이 걸린다 · 낯선 장소에 가면 많이 긴장한다 · 소리, 촉감, 맛 등 감각이 예민하다 · 걱정이 많은 편이다 · 새로운 일을 시작하는 것을 꺼린다	· 불안장애 · 공황장애 · 시험 불안증 · 불면증
모범 강박형	· 잘하고자 하는 욕심이 많다 · 항상 모범적인 답을 말하고자 한다 · 주변을 많이 의식한다 · 규칙과 원칙을 중시한다 · 완벽주의 성향이 있다	· 강박증 · 결벽증 · 편집증 · 아스퍼거 증후군

쉽게 흥분하는 흥분충동형

흥분충동형은 쉽게 흥분하고 감정 조절이 잘 되지 않는 타입입니다. 즐거운 일이 있을 때는 매우 에너지가 넘치지만, 흥분을 잘하고 감정 기복이 심한 편입니다. 이런 유형은 하고 싶은 일을 못 하면 저항이 심하고, 쉽게 화를 내거나 짜증을 냅니다. 아이가 아무리 하고 싶은 것이 있어도 상황이나 환경에 따라 부모가 못 하게 할 수도 있는데, 이 타입의 아이들은 그럴 때 저항이 너무 심하고 말을 듣지 않기 때문에 부모가 무척 힘들어합니다. 이런 아이들은 규율을 깨거나 옆 사람에게 피해를 주는 등 단체 생활에 지장을 주는 행동을 자주 합니다. 그렇다 하더라도 일고여덟 살에는 성격이 좀 활발한가보다 하고 넘어갈 수 있지만 초등학교 고학년이 되어서까지 이런 성향이 개선되지 않는다면, 그때는 뇌 불균형 문제로 보고 적극적으로 개선할 수 있도록 지도해야 합니다. 어느 정도까지는 성격으로 볼 수 있겠지만, 과도해지면 ADHD나 감정조절장애, 게임 중독, 품행장애 같은 질환으로 발전할 수 있기 때문에 주의가 필요합니다.

소극적이고 조용한 우울무기력형

우울무기력형은 내성적인 아이들에게서 주로 찾아볼 수 있는 유형입니다. 의사 표현이 별로 없고, 질문을 하면 "네" "아니오" "몰라요" 등 단답형으로 대답하고, 대답 자체도 모호합니다.

평소에는 착하고 순하다는 이야기를 듣는데, 기본적으로 체력이 약하고 면역력이 떨어지는 아이들이 많아서 자주 아프고, 바깥 활동보다는 실내 활동을 좋아하는 경향이 있습니다. 이런 성향이 지속되면 주의력 결핍장애로 발전하거나 무기력증, 허약 체질 관련 질환이 나타날 수 있습니다.

이 친구들은 흥분충동형 아이들처럼 하루가 멀다 하고 사고를 치지는 않습니다. 일상에서 문제를 일으키는 법이 없고, 겉보기에 순하고 착하니까 부모님들이 키우기도 한층 수월하지요. 그렇지만 뇌가 성장 발달하려면 아이들의 성향이 어느 정도는 활발해야 합니다. 성장 에너지가 있어야 아이들이 세상에 호기심을 갖고 새로운 것을 배워나갈 수 있으니까요.

문제는 이 아이들은 호기심이 별로 없다는 점입니다. 새로운 것을 시도하고 싶어하지 않고, 뭘 하고 싶다는 자기 의사를 표현하는 일도 거의 없습니다. 다른 아이들은 발표하겠다고 손을 번쩍번쩍 드는데, 혼자 가만히 앉아 있기 일쑤입니다. 기본적으로 에너지가 부족한 유형이라서 친구들과 뛰어놀지 않고 구석에서 혼자 놀려고 합니다. 낯선 데 가면 엄마한테서 떨어지지 않으려고 하니, 부모 입장에서는 아이가 나중에 커서 사회생활이나 제대로 할 수 있을지 걱정이 되지요. 이런 성향이 크면서 나아지지 않고 초등학교 고학년 때까지 지속된다면, 이 또한 성격이라기보다는 뇌 불균형 문제로 보아야 합니다.

만약 이런 아이들의 뇌 균형이 회복되면 조용했던 성격이 전보다 밝아지고 적극적으로 바뀌면서 자기주장과 호기심도 생깁니다. 뇌가 변화하면 부정적 성격이 긍정적으로 바뀝니다.

예민하고 걱정이 많은 긴장불안형

긴장불안형 아이들은 뇌의 특정 영역이 지나치게 과잉되어 문제가 됩니다. 이 아이들은 소리나 촉감 등 오감에 민감합니다. 작은 소리에도 예민하게 반응하고, 옷에 태그가 붙어 있으면 불편해서 입지 않습니다. 빛에 민감한 아이들도 있고, 냄새나 식감에 민감하고 비위가 약한 아이들도 있습니다. 끈적거리는 것을 싫어해서 손에 로션조차 바르지 못하는 아이도 있죠.

우울무기력형 아이가 에너지가 모자라서 새로운 것에 관심이 없다면, 긴장불안형 아이는 긴장과 불안 때문에 새로운 것을 시작하지 못하고, 낯선 사람과 친해지는 데 시간이 오래 걸립니다. 낯선 데 가면 과하게 불안해하고, 혼자 있는 걸 싫어하죠.

무엇보다 이런 아이들은 걱정이 많습니다. 어린아이가 죽음이나 병에 대해 걱정하고, 일곱 살 아이가 군대 가서 전쟁이 나면 어떡하느냐고 묻습니다. 보통 어린아이들이 어둠을 무서워하는 것은 일반적인 일이지만 이 유형의 아이들은 4, 5학년이 되어서도 혼자 잠자리에 드는 것이 무서워서 엄마와 같이 자겠다고 떼를 씁니다. 긴장도가 점차 심해지면 낮에도 혼자 있기를 두려워합니다. 심할 경우 엄마가 쓰레기를 버리러 나가는 잠깐의 시간도 견디기 어려워합니다.

너무 예민해서 잠을 제대로 자지 못하기 때문에 덩달아 부모님도 피곤해집니다. 뇌가 항상 긴장 상태에 있고, 이완이 되지 않으니 잠 한번 편하게 자지 못하는 것이지요. 이런 상태가 심해지면 공황장애, 불안장애, 시험 불안증, 불면증 등으로 발전할 수 있습니다.

결과에 집착하는 모범강박형

마지막으로 모범강박형의 아이들이 있습니다. 이런 아이들은 잘하고자 하는 의지도 강하고, 질문을 하면 모범 답안을 말하는 경향이 있습니다. 경쟁의식도 심하고 칭찬을 받거나 인정을 받기 위해 행동합니다. 완벽주의적이고 결과에 집착하는 성향을 갖고 있지요.

사실 이런 타입이 공부도 잘하고 성적도 좋은 경우가 많습니다. 그런데 옆에서 지켜보면 강박증이 심하다고 여겨집니다. 경쟁의식이 강하다보니 심리적으로 편안하지 못하고, 결과에 집착하기 때문에 안절부절못할 때가 많지요.

이런 아이들은 1등을 해도 그때만 좋아할 뿐 그다음 날부터 다시 불안해집니다. 언제 등수가 내려갈지 알 수 없기 때문이지요. 대체로 모범적인 성향을 보이고, 자기가 갖고 있는 기준을 다른 사람들에게도 강요하는 경향이 있어 주변 사람들이 불편함을 느낍니다.

이러한 타입은 사회적으로는 잘 풀릴 수 있어도 늘 심리적으로 쫓기기 때문에 삶에 대한 만족감은 떨어지는 편입니다. 이런 성향이 지속되면 강박증이나 결벽증, 편집증, 아스퍼거 증후군으로 발전할 수 있습니다. 한국 사회에는 평생을 모범적으로 살아왔지만, 나이가 들수록 항상 쫓기고 불안하여 행복감을 느끼지 못하는 모범강박형 사람들이 많습니다. 과유불급이라고 잘하고자 하는 마음이 너무 과한 것도 문제가 됩니다. 이런 성향이 지속적으로 나타난다면 뇌의 불균형 문제를 주의 깊게 살펴볼 필요가 있습니다.

두뇌의 성향에 따라 심리 유형은 다르게 나타납니다. 그런데 우리 아이가 지금 갖고 있는 특징이 단순히 성격인지 아니면 뇌 불균형으로 인한 증상인지 판단하기 어려울 때가 있습니다.

일상적으로 큰 문제가 없다면 아이의 성격이라고 볼 수 있지만, 부정적 성향이 과해진다면 그것은 뇌 불균형으로 인해 유발되는 심리 문제로 볼 수 있습니다. 아이가 적절하게 활발할 때는 성격이라고 볼 수 있지만, 활발함이 지나쳐서 쉽게 흥분하고 행동 조절이 안 되는 상태는 뇌 불균형의 문제인 것입니다. 이러한 문제가 아이들의 성장기 때 지속된다면, 두뇌 발달뿐만 아니라 정서 발달과 성격 형성에 좋지 않은 영향을 줄 수 있기 때문에 반드시 뇌 불균형의 문제를 해결해주어야 합니다.

☑ 체크 리스트 : 정서 문제

불안장애, 강박증, 우울증과 같은 정서적 문제는 뇌를 예민하고 민감하게 만들고 수면, 면역, 소화 등의 자율신경계의 문제를 유발하면서 학습 능력을 저하시킵니다. 고등학교 시기에 긴장 불안 등의 정서적 스트레스가 지속되면서 수면장애, 소화장애, 과민성 대장 증후군 등의 문제가 유발되고 나아가 집중력과 기억력 저하, 시험 불안증까지 겪는 사례가 흔하게 관찰됩니다. 성장기에 불안, 강박, 우울 등의 문제가 지속된다면 균형 있는 뇌 발달과 학습을 주관하는 전두엽 발달에 악영향을 미칩니다. 성장기에 불안, 강박, 우울 등의 문제가 1년 이상 지속될 경우는 단순한 심리 문제가 아닌 신경학적 문제일 수 있으며, 성장기의 균형 있는 뇌 발달에 좋지 않은 영향을 줄 수 있으니 반드시 개선이 필요합니다.

정서 문제	체크 리스트	
불안장애	낯선 사람을 만나는 것, 낯선 곳에 가는 것을 싫어한다.	
	새로운 곳에 가면 적응하는 데 시간이 많이 걸린다.	

불안장애	높은 곳, 놀이기구 등을 심하게 무서워한다.	
	어두운 것을 지나치게 무서워한다.	
	질병, 죽음, 재난 등에 대한 걱정이 많다.	
	손톱, 소매 끝을 물어뜯거나, 손이나 발을 끊임없이 움직인다.	
	작은 소리나 별거 아닌 일에 잘 놀란다.	
	겁이 많고 무서움을 많이 느낀다.	
	안 좋은 일이 일어날 것 같은 두려움을 자주 이야기한다.	
	엄마, 인형, 이불 등 애착 대상과 떨어지는 것을 힘들어한다.	
	혼자 자는 것을 어려워하거나 잠시도 집에 혼자 있지 못한다.	
	사람들 앞에서 발표하거나 무대에 설 때 긴장을 많이 한다.	
강박증	완벽 성향이 강하고 모범적으로 보이려고 노력한다.	
	규칙이나 규율을 너무 엄격히 지킨다.	
	특정 대상이나 주제를 유난히 좋아하거나 집착한다.	
	장난감이나 물건의 정리정돈에 집착한다.	
	엄마, 인형 등 특정 대상에 집착하고 없으면 불안해한다.	

강박증	마음에 들 때까지 특정 일(글쓰기, 지우개질, 가방 싸기 등)을 계속 수행하려 한다.	
	손씻기나 샤워, 양치질 등을 과도하게 반복한다.	
	안 좋은 일이나 사건이 생기지 않을까하는 걱정을 반복한다.	
	특정한 질문을 안심이 될 때까지 반복해 질문한다.	
	오염이나 세균 등에 대해 지나치게 두려워하고 걱정한다.	
	사랑하는 사람이 아프거나 죽는 것에 대한 걱정을 자주 표현한다.	
	자신만의 의식처럼 매번 반복해야하는 행동방식이 있다.	
우울증	특별한 원인 없이 자꾸 아프다고 한다.	
	밥을 잘 먹지 않거나 갑자기 폭식한다.	
	짜증을 많이 내고 신경질이 늘었다.	
	좋아하던 일에 흥미를 잃고, 매사에 관심이 없다.	
	사소한 일에 짜증을 내거나 울음을 터트린다.	
	수면이 불규칙해지고 숙면을 제대로 취하지 못한다.	
	행동이 산만하고 과격해지고, 때로 극단적인 말을 뱉는다.	
	표정이 우울하거나 무표정하고 집에만 있으려고 한다.	

우울증	외롭다고 말하거나 죽음, 외로움 등의 단어를 자주 말한다.	
	사소한 실수에도 '미안하다' '죄송하다'라는 말을 자주 한다.	
	자신을 보잘것없다거나 소중하지 않다고 이야기한다.	
	죄책감이나 자기를 부정하는 잘못된 생각에 빠진다.	

■ **불안장애**

1~3개 항목에 해당된다면 일시적인 불안일 수 있지만, 4개 이상 해당되거나 행동이 1년 이상 지속된다면 신경학적 민감성이 높아진 상태일 수 있으며, 학습 집중력 저하로 이어질 수 있습니다. 아이의 불안 상태를 완화할 수 있는 환경 조성과 전문가와의 상담이 필요합니다.

■ **강박증**

1~3개 항목에 해당된다면 습관적 반복일 수 있지만, 4개 이상 해당되거나 행동이 1년 이상 지속된다면 단순한 성격 특성이 아니라, 불안을 달래기 위한 강박적 행동으로 볼 수 있습니다. 억지로 하지 못하게 막기보다는 뇌 기능 회복을 위한 개입이 필요합니다.

■ **우울증**

1~3개 항목에 해당된다면 일시적인 감정 기복일 수 있지만, 4개 이상 해당되거나 행동이 1년 이상 지속된다면 뇌기능 저하로 인한 우울증 신호일 수 있습니다. 전두엽 기능 저하와 자율신경계 불균형으로 학습과 사회성 발달에도 영향을 줄 수 있으니, 적극적인 관심과 진단이 필요합니다.

154

4장

두뇌의 역습 I
ADHD

"우리 아이는
왜 이렇게 산만할까요?"

"선생님, 우리 아이가 너무 산만해요. 도대체 왜 이러는 걸까요?"

저를 찾아온 부모님들은 아이가 왜 그렇게 산만하고 집중을 못 하는지 모르겠다며 ADHD는 아닌지 하소연합니다.

학교에서 수업 시간에 가만히 앉아 있지 못하는 아이, 한 가지 일을 진득하게 하지 못하고 금세 다른 곳으로 주의가 옮겨가는 아이, 단체 활동을 할 때 자기 순서를 기다리지 못하고 다른 사람을 자꾸 방해하는 아이까지. 이렇게 산만하고 충동적인 아이들은 아무래도 눈에 띌 수밖에 없습니다. 그러다보니 본의 아니게 선생님들의 주목을 가장 먼저 받지요. 규율을 중요하게 여기는 학교 선생님은 튀는 아이의 행동을 참고 기다려주기가 어렵습니다. 학교는 수백 명의 학생이 단체 활동과 사회생활을 배우는 곳이기에 돌발적인 행동을 하는 한 학생을 집중적으로 보살필 여력이 없지요.

그런 아이를 책임지는 것은 온전히 부모의 몫이 되고 맙니다. 요즘은 초등학교와 중고등학교에서 가정통신문 형식으로 ADHD 자가 진단 설문지를 보내기도 합니다. 부모가 아이의 성향을 미리 체크하고 관리하라는 것이지요.

부모님들이 ADHD 아이들에게 가장 걱정하는 부분은 공부에 제대로 집중하지 못한다는 것입니다. 하지만 사실 공부는 큰 문제가 아닙니다. 더 큰 문제는 이런 증상을 제때 치료하지 않고 놔두면 아이의 문제 행동이 걷잡을 수 없이 심각해질 수 있다는 것입니다. 충동 조절이 쉽지 않아서 스마트폰이나 게임 중독에 빠지기 쉽고, 사춘기를 지나면서 반사회적 성향이나 품행장애로까지 발전할 수 있습니다.

명문대를 졸업하고 완벽한 커리어를 쌓아온 한 어머니가 근심 어린 표정으로 찾아왔습니다. 현준이 때문에 처음으로 학교에 불려 가 선생님들께 머리를 조아렸다는 것입니다. 평생 남에게 아쉬운 소리 한번 해보지 않고 살아온 분이 문제 행동을 일삼는 현준이 때문에 수시로 학교에 불려 다니게 되었으니 그 스트레스가 이만저만이 아니었겠지요.

"원장님, 우리 현준이가 대체 누구를 닮아서 저러는지 모르겠어요."

어머니는 이해할 수 없다는 듯 고개를 저었습니다. 현준이는 어렸을 때부터 많이 산만했고 충동적인 행동을 자주 했다고 합니다. 학교에서도 장난이 심하고 산만한 행동이 많아서 검사를 한번 받아보는 것이 좋겠다고 담임 선생님이 권유했지만, 그래도 공부는 잘하는 편이어서 부모님은 설마 ADHD는 아닐 거라고, 크다보면 좋아질 거라고 여겼다고 합니다. 하지만 아이가 중학교에 올라가면서 점차 스마트폰과 게임에 빠져들고 공부는 아예 손을 놓았다고요. 그제야 ADHD 약물을 먹여봤지만 행동에는 큰 변화가 없었고, 결국은 학교에서 친구들과 다툼도 심해지고 선생님께도 반항해서 학교 폭력위원회까지 열렸다고 합니다.

현준이는 처음에는 치료에 대한 거부감이 있었지만, 다행히 시간이 지나면서 마음을 열고 잘 따라주었습니다. 전두엽 기능이 조금씩 올라오면서 점차 욱하고 올라오는 충동성이 조절되기 시작했습니다.

"전에는 별것 아닌 일에도 자꾸 화가 나고, 나도 모르게 욕이 나오거나 책상을 차고 물건을 던지는 행동이 나왔었는데 이제는 화가 나도 참는 힘이 좀 생기는 것 같아요."

처음 찾아왔을 때의 반항심 가득했던 얼굴이 한결 부드러워지고 자신감 있는 표정으로 바뀌었습니다.

학교에서의 문제 행동은 점차 사라졌고 어머니는 더 이상 학교에 불려 갈 일이 없어졌습니다. 치료가 진행되고 6개월이 지나면서부터는 집중력도 좋아지기 시작했습니다. 그러면서 현준이는 공부를 제대로 해보겠노라 다짐했고, 게임도 끊고 그동안 손 놓았던 공부를 다시 시작했습니다. 그러더니 치료를 마치는 시점에는 영재고등학교에 진학할 수 있었습니다.

이처럼 숨어 있는 뇌 불균형 문제가 개선되면 문제 행동을 일삼던 아이가 영재 아이로 거듭나기도 합니다.

아이 탓도
부모 탓도 아니다

"선생님, 아이가 잘못된 게 전부 제 탓인 것만 같아요. 그때 조금 더 신경을 썼어야 했는데……."

부모님들과 상담하다보면 아이의 문제를 본인의 탓이라고 자책하는 경우를 자주 봅니다. 부모의 양육 태도나 훈육 방법에 문제가 있었던 건 아닌지, 아이를 사랑으로 보듬어 키우지 못한 것은 아닌지…… 정도의 차이만 있을 뿐 내원하는 부모님들은 아이에 대한 자책과 죄의식을 어느 정도 갖고 있습니다.

아이들의 뇌를 오랫동안 연구해온 사람으로서 제가 당부하고 싶은 말은 '아이가 가진 문제가 온전히 부모 탓은 아니라는 것'입니다. 아이들이 성장하는 데 부모의 영향이 크다는 사실은 부인할 수 없지만, 그게 전부는 아닙니다.

아이들이 가진 문제의 원인은 크게 '내적 원인'과 '외적 원인'으로 나눠볼 수 있습니다. 내적 원인은 선천적·후천적 요인에 의한 뇌 불균형 발달입니다. 반면 외적 원인은 부모의 양육 태도, 게임과 스마트폰에 대한 과도한 노출, 심리적 스트레스와 같은 성장 환경의 문제입니다. 외부 자극은 뇌의 약한 부분에 지속적으로 영향을 미치면서 문제를 유발합니다.

내적 원인이 되는 뇌 불균형의 문제가 보다 근본적인 원인에 해당하지만, 성장 기간 동안 다양한 요인이 복합적으로 누적되어 만들어지기 때문에 정확한 인과관계를 파악하는 것이 쉽지 않습니다. 그래서 보통은 외적 원인에 의해 아이들의 문제가 유발되는 것으로 여겨집니다.

아이들은 내적 원인과 외적 원인의 영향을 모두 받으면서 성장합니다. 부모가 아무리 완벽하게 양육한다고 해도 100퍼센트 부모의 바람대로 크는 아이는 없습니다. 아이들에게는 아이들 나름의 삶이 있고, 부모가 어찌할 수 없는 부분이 분명히 존재하지요. 그 점을 인정하고 받아들일 때 비로소 부모로서 아이에게 진정으로 도움을 줄 수 있는 부분이 무엇인지를 깨닫습니다.

치료 또한 마찬가지입니다. 아무리 좋은 치료를 한다고 해도 이미 타고난 아이의 유전적 기질이나 성장 환경을 온전히 보완할 수는 없습니다. 따라서 치료할 때는 아이가 변화할 수 있도록 최선을 다하되, 인간의 힘으로 어찌할 수 없는 부분도 있음을 인정하고 들어가야 합니다. 의사로서의 한계를 인정하는 겸허한 마음으로 아이들 뇌 안의 무한한 가능성을 마주할 때, 비로소 복잡하던 문제의 해법이 드러나게 됩니다.

그러니 아이 때문에 죄책감을 느끼거나 자책하고 있는 부모님이라면 그 짐을 조금은 내려놓아도 좋습니다. 아이에 대한 안타까움에 눈물을 흘리며 속상해하는 부모님의 마음을 모르는 바는 아니지만, 부모가 너무 감정적으로 반응하는 것은 아이의 치료에 도움이 되지 않습니다. 모든 일에 남 탓을 하는 것도 우리 뇌를 갉아먹는 좋지 않은 습관이지만, 모든 것을 자기 탓으로 돌리는 것도 문제를 해결하는 데 전혀 도움이 되지 않기 때문입니다.

요즘은 부모가 아이를 어떻게 키워야 하는지에 관한 많은 책과 콘텐츠가 넘쳐납니다. 이런 내용을 접하다보면 부모 입장에서는 '나의 부족함으로 아이를 잘못 키우고 있는 게 아닌가?' 하는 생각이 많이 듭니다. 하지만 이러한 이상적 부모에 대한 기준이 많은 부모를 '아이에게 잘못하고 있는 부모'로 만들고 있는 것 같습니다.

어느 부모가 자신의 아이를 잘 키우고 싶지 않을까요? 다만 부모도 자신이 커왔던 환경과 경험, 자신의 두뇌 유형을 기준으로 중요하다고 형성된 가치관대로 아이를 키울 수밖에 없기 때문에 아이와 어긋나는 부분들이 생기는 것이죠. 그래서 저는 항상 부모님들에게 이렇게 말합니다.

"모든 선택의 기준은 아이가 되어야 합니다."

유명한 전문가의 이야기나 책을 읽으며 열심히 공부해 적용해 보아도 잘 변하지 않는 아이들이 많습니다. 자신의 노력에도 불구하고 변화하지 않는 아이에게 더욱 실망하고 미운 감정까지 쌓여 있는 부모님들을 종종 마주합니다. 이때도 문제는 바로 우리 아이가 기준이 되고 있지 않다는 것입니다. 유명 전문가의 이야기가 기준이 되는 것이 아니라 우리 아이에게 그것이 맞는지가 중요합니다.

부모도 아이를 잘 키우고 싶지만, 마음처럼 잘되지 않습니다. 마찬가지로 아이들도 잘 하고 싶지만 마음대로 안 되고 있을 뿐입니다. 그래서 아이의 문제로 저를 찾아온 부모님들께 항상 이렇게 말씀드립니다.

"아이 탓도 아니고, 부모 탓도 아닙니다."

ADHD, 두뇌 성장기에 치료해야 한다

아이가 성장한다는 것은 뇌도 함께 성장한다는 뜻입니다. 몸과 두뇌가 사이좋게 발달하면 좋겠지만 그 속도가 항상 일치하지는 않습니다. 몸의 성장은 빠른데 두뇌 성장 속도가 따라오지 않을 때 발생하는 증상 중 하나가 ADHD입니다.

특히나 사고력과 집중력을 비롯해 두뇌의 가장 고차원적인 능력을 관장하는 부위인 전두엽은 성인이 될 때까지 성장합니다. 정상적인 속도로 가도 성인이 되어서나 완성되는데, 전두엽 부위 성장 속도가 느리다면 문제가 드러나게 마련이죠.

전두엽 부위가 미성숙한 아이들은 목표한 일에 주의를 기울이기 어렵습니다. 옆에서 떠드는 친구의 얘기에 귀를 기울이거나 주의를 흩어놓는 다른 일들에 반응하느라 수업에 집중하기 어렵습니다. 일상생활에서 돌발 행동이나 산만한 행동을 많이 하다 보니 부모님이나 선생님께 꾸중을 듣기 일쑤입니다.

주의집중력이 떨어지기 때문에 마음먹은 일이 있어도 제대로 끝내기가 어렵습니다. 진득하게 무언가를 붙들고 늘어져 마무리해본 경험이 없으니 성취감을 느끼기도 어렵지요. 이러한 경험이 자꾸 반복되다보면 결국 자존감이 떨어지고 스스로에 대한 신뢰까지 잃을 수 있습니다.

물론 지금 당장은 아이가 수업에 집중하지 못하고 돌발 행동을 일으키는 정도라고 가볍게 넘어갈 수도 있습니다. 하지만 성장기의 뇌 불균형 상태를 방치한다면 성인이 되었을 때의 삶에도 적지 않은 영향을 미칠 수 있음을 기억해야 합니다.

실제로 한의원을 찾아오는 성인들 중에는 주의집중이 안 돼 업무에서 자신의 역량을 발휘하지 못하거나 불안감이나 분노 등의 감정 조절이 어려워 사회생활에서 곤란을 겪는 이들이 많습니다.

심한 경우 이런 좌절감을 극복하지 못해 정상적인 사회생활을 이어가지 못하고 집에 틀어박혀버리는 경우도 있습니다. 두뇌 성장기에 전두엽이 충분히 발달하지 않은 채로 뇌가 이미 고착되어버렸기 때문에 성인의 뇌 질환 치료는 생각처럼 쉽지 않습니다. 너무 오랫동안 자신의 상황에 익숙해져 있어 치료 의지도 부족하고 치료 기간도 훨씬 더 많이 걸립니다. 그러니 아이가 ADHD로 의심된다면 치료 시기를 놓치지 않도록 즉시 전문가의 상담을 받아보는 것이 좋습니다.

한 대학생이 자신감 없고 주눅 든 모습으로 저를 찾아왔습니다. 중고등학교 시절부터 집중이 쉽지 않아서 공부할 때 많이 힘들었지만, 그저 열심히 하면 될 줄 알았다고 합니다. 대학에 가서도 학점 관리가 쉽지 않았고, 외국 대학에 교환학생으로 가고 싶어서 토플 시험을 2년째 도전하고 있는데도 기준 점수를 받지 못하고 있다고 했습니다. 최근 1년간은 휴학하고서 시험을 준비하고 있는데도 계속 점수가 나오지를 않는다고요. 상황이 이렇다 보니 가족과 친구들에게도 창피하고 자존감도 많이 떨어졌다며 교환학생의 꿈을 접어야 할지 고민이라고 말했습니다. 이 학생의 경우 좌우 뇌의 구조적 불균형이 심해서 눈의 초점 유지와 추적 기능이 약했습니다. 전두엽 기능에서도 시각적 집중력과 기억력이 매우 약한 상태여서 영어 단어를 외우고 지문을 빠르게 읽는 것이 쉽지 않았습니다.

교정 요법과 두뇌 훈련을 성실하게 수행하면서 뇌 불균형이 개선되기 시작했습니다. 전에는 공부하다가 쉽게 졸음에 빠지거나 멍하게 있는 시간이 많았는데, 점차 집중하는 시간이 길어졌다고 합니다. 치료가 7개월을 넘어갈 때쯤 드디어 원하던 점수를 받았다며 다음 달에 교환학생으로 갈 수 있게 되었다고 환하게 웃는 모습으로 인사를 왔습니다.

성인이 되어서 ADHD를 치료하는 것은 소아 청소년 시기보다 훨씬 긴 시간이 필요하고, 본인의 의지와 노력도 정말 중요합니다. 성장기 때 전두엽 발달이 충분히 만들어지지 못한 채 성인이 되어서도 ADHD라는 한계에 갇혀 꿈을 제대로 펼치지 못하고 있는 성인 환자분을 만날 때마다 참 안타까운 마음입니다. 그들에게서 '어렸을 때 치료했더라면 얼마나 좋았을까'라는 이야기를 많이 듣습니다. 타임머신을 타고 어린 시절로 돌아갈 수 있다면 얼마나 좋을까요? 이것이 제가 두뇌 성장기의 아이들을 치료하는 데에 더 집중하고 있는 이유입니다.

전두엽 발달 단계로 본
ADHD

우리 아이가 ADHD는 아닐까 걱정하며 내원하는 부모님들은 과연 우리 아이가 그냥 산만한 것인지, 아니면 ADHD가 맞는 건지, ADHD라도 크다보면 괜찮아지는 것인지 궁금해합니다. 인터넷에 관련 내용은 넘쳐나지만 읽어봐도 우리 아이가 어떤 경우인지는 정확히 알 수 없습니다. 또한 치료해도 별로 효과를 못 봤다거나 약물 부작용을 겪었다는 이야기도 많습니다. ADHD는 진단부터 치료까지 모호한 측면이 너무 많습니다.

일단 ADHD라는 병명을 잠시 접어두고 두뇌의 성장 발달 과정으로 접근해 설명해보겠습니다. 아이들의 두뇌 발달 단계를 살펴보면 무언가를 가지고 싶고, 하고 싶다는 욕구 영역인 변연계가 먼저 발달하고, 이후에 자기 조절을 담당하는 전두엽이 발달합니다. 그런데 왕성하게 발달하는 욕구 영역을 조절할 만큼 전두엽이 충분히 발달하고 있지 못한 아이에게는 산만하고 주의 집중을 못 하는 문제가 발생합니다. 만약 전두엽 발달이 약간 늦는 정도라면 성장하면서 전두엽이 계속 발달하기 때문에 주의가 산만한 증상은 자연스럽게 사라질 것입니다. 하지만 전두엽 발달이 계속 지연되는데 욕구 영역만 과도하게 발달되면 ADHD 증상은 갈수록 심각해집니다.

ADHD라고 해도 전두엽과 욕구 영역 간의 불균형 상태에 따라서 문제 행동이 나타나는 양상이나 치료 기준이 달라집니다. 전두엽 발달은 지연되고 욕구 영역만 과도하게 발달하는 경우는 과잉행동이나 충동성, 분노조절장애, 게임 중독 등의 문제가 나타납니다. 이 경우 ADHD 양약을 복용하면 어느 정도 차분해지는 효과를 볼 수 있습니다. 반면에 전두엽 발달이 지연되는데, 욕구 영역도 함께 발달이 잘 안 되는 경우는 우울증, 식욕부진, 면역 저하, 학습장애 등의 문제가 드러납니다. 이 경우 ADHD 양약을 복용했을 때, 약물의 부작용을 겪을 가능성이 많습니다.

정신과에서 처방하는 ADHD 약물은 각성제의 역할을 함으로

써 전두엽을 자극합니다. 그래서 약물 효과가 유지되는 동안에는 집중력 및 주의력이 올라오는 효과가 있습니다. 하지만 실제 전두엽이 발달하도록 돕는 것은 아니고 일시적으로 각성을 돕는 처방이기 때문에 약물을 복용하지 않으면 다시 집중하지 못하게 됩니다. 마치 잠을 못 자고 피곤할 때 커피를 마시면 카페인의 각성 효과 때문에 반짝하고 정신이 차려지는 것과 비슷합니다. 하지만 커피도 계속 마시다보면 의존성이 생기거나 수면 패턴이 깨지는 등의 문제가 올 수 있는 것처럼 ADHD 약물도 약에 대한 의존성이 생기거나 부작용을 겪기도 합니다. 저는 ADHD를 전두엽의 발달 정도에 따라 6단계로 구분하고 있습니다.

1단계 ADHD 이전 : 자기 조절 부족 단계

전두엽 발달이 다소 약해서 계획이나 약속을 못 지키거나, 할 일을 끝까지 해내지 못합니다. 좋아하거나 흥미가 있는 것에는 집중하지만 조금만 지루해지면 금세 흥미를 잃거나 꾸준하게 지속하기 어렵습니다. 아이들은 아직 전두엽의 발달이 미숙하기 때문에 1단계에 해당하는 경우가 많습니다. 성장하면서 좋아지는 경우는 대부분 이 단계에 해당합니다.

2단계 ADHD 의심 : 주의집중 부족 단계

전두엽의 기능이 부족하면 지루한 것을 참지 못하고, 쉽게 주의가 산만해지고, 생각 없이 말과 행동을 해서 문제가 발생합니다. 수업 시간에 산만하다는 지적을 받기도 하고, 물건을 잘 잃어버리거나 실수를 반복합니다. 감정의 기복이 심하고 행동 조절이 되지 않아 ADHD인지 의심이 되는 단계입니다.

3단계 ADHD 초기 : 학습 부진 단계

전두엽 기능이 더 약해지면 학습할 때 이해가 되지 않거나 집중력이 부족해집니다. 그래서 공부를 해도 성과가 잘 안 나오고, 점차 학습에 흥미를 잃게 됩니다. 학교나 학원 선생님으로부터 아이의 학습 태도나 집중력에 대한 지적이 나오므로, 부모님이 ADHD라고 생각하고 치료 기관을 방문합니다.

4단계 ADHD 진행 : 문제 행동 단계

전두엽과 욕구 영역의 불균형이 심해지면 감정 조절이 제대로 되지 않아 예민하게 반응하거나 쉽게 욱합니다. 충동 조절이 쉽지 않고, 상황이 원하는 대로 되지 않으면 쉽게 짜증을 내고 화를 냅니다. 본인 위주로만 생각하고 타인에 대한 배려가 부족해 친구들 사이에 문제가 자꾸 생깁니다. 문제 행동으로 인해 학교 폭력위원회가 열리기도 하고, 담임 선생님이 아이의 ADHD 검사나 약물 치료를 권유하기도 합니다.

5단계 ADHD 중기 : 게임, 스마트폰 중독 단계

전두엽이 욕구 영역을 제대로 조절하지 못하면 다른 일들에는 쉽게 흥미를 느끼지 못하고 게임이나 스마트폰 등에 집착하기 시작합니다. 뇌에서 욕구 영역만 과도하게 활성화되어 있고, 전두엽은 전혀 기능하지 못하고 있어 스스로 욕구를 조절하기 힘든 상태이기 때문입니다. 게임이나 스마트폰을 금지하면 아이가 폭력적인 행동을 보이기도 합니다. 이 단계에서는 생활에서 문제 행동이 많아지다보니 ADHD 양약의 도움이 필요하기도 합니다.

6단계 ADHD 심각 : 반사회적 단계

전두엽 기능이 전혀 욕구 영역을 조절하지 못하는 상태로 말과 행동이 공격적으로 나타납니다. 과잉된 욕구는 항상 채워지지 못해 욕구불만 상태이고 타인과 세상에 대해 부정적입니다. 규칙과 규율을 지키지 않는 반사회성도 나타나고, 선생님이나 전문가의 상담이나 조언을 무시하기도 합니다. 그래서 치료에도 효과를 보지 못하는 경우가 많습니다.

1단계 ADHD 이전	2단계 ADHD 의심	3단계 ADHD 초기	4단계 ADHD 진행	5단계 ADHD 중기	6단계 ADHD 심각
자기 조절 부족	주의집중 부족	학습 부진 단계	문제 행동 단계	중독 단계	반사회적 단계
• 약속, 계획을 잘 못 지킴 • 물건을 잘 잃어버림 • 행동 조절이 안 됨 • 할 일을 끝까지 못 함 • 실수를 반복함	• 수업 시간에 산만하거나 멍함 • 집중 시간이 짧음 • 지루한 것을 참지 못함 • 여러 번 이야기해야 행동함 • 생각 없이 말과 행동이 나옴	• 학습에 대한 흥미가 없음 • 학습 시 집중력 부족 • 읽고 이해하는 데 어려움 • 공부해도 성과가 안 나옴 • 공부할 때 짜증이 많음	• 예민하고 쉽게 욱함 • 친구 사이에 문제가 자주 생김 • 욕구 제어가 제대로 안 됨 • 원하는 것이 안 되면 분노 조절 안 됨 • 본인 위주로만 생각, 타인 배려 부족	• 게임, 스마트폰 등에 집착함 • 특정 대상 외에는 흥미를 못 느낌 • 금지하면 분노가 폭발함 • 생활에서의 자기 조절이 거의 안 됨 • 매사에 충동적이고 짜증이 많음	• 말과 행동이 공격적임 • 타인과 세상에 대해 부정적임 • 욕설, 부정적 표현이 많음 • 규칙과 규율을 무시함 • 상담, 조언을 무시함
ADHD인지 고민하는 단계		ADHD를 확신하는 단계		ADHD 문제가 심화된 단계	
비약물 치료 가능				정신과 약물 복용 필요	

전두엽 발달을 위한
생활 속 훈련법

    미국 스탠퍼드대학의 심리학자 월터 미셸 박사는 아이들에게 마시멜로를 나눠주고 실험을 진행했습니다. 선생님이 나가자마자 바로 한 개를 먹어도 되지만, 다시 돌아올 때까지 15분 동안 먹지 않고 참을 수 있다면 마시멜로 하나를 더 주겠다고 약속했습니다. 어떤 아이들은 선생님이 나가자마자 참지 못하고 바로 먹어버렸고, 일부 아이들은 선생님이 돌아올 때까지 참고 기다려서 두 개의 마시멜로를 먹을 수 있었습니다.

    이후 15년이 지나고 후속 연구가 진행되었습니다. 실험에 참가했던 아이들이 어떻게 자랐는지 추적 관찰했는데 15분을 참아냈던 아이들은 청소년기의 학업 성적과 대입 시험 성적이 우수했고 스트레스 조절 능력이 뛰어났으며 사회성도 좋았습니다. 하지만 참지 못하고 마시멜로를 바로 먹은 아이들은 쉽게 짜증을 내고 사소한 일로 싸움에 말려드는 등 충동을 조절하지 못하는 모습을 보였다고 합니다. 이 유명한 '마시멜로 실험'을 통해 욕구를 제어하는 능력이 삶에 얼마나 중요한 역할을 하는지 알 수 있습니다.

욕구를 지연하는 능력은 바로 전두엽의 가장 중요한 기능 중 하나입니다. 전두엽은 자동차로 비유하자면 브레이크와 핸들 같은 역할을 합니다. 브레이크처럼 욕구를 억제하고 핸들처럼 행동을 조절하는 기능을 하죠. 그래서 전두엽 발달이 지연되면 욕구를 제어하는 것이 힘들고 충동적으로 행동하며, 학습 시에도 주의집중이 어렵습니다.

이 실험을 통해 알 수 있는 또 다른 사실은 어렸을 때 전두엽 발달이 지연되고 있다면 청소년기에도 계속해서 전두엽 발달이 지연될 가능성이 높다는 사실입니다. 만약 욕구를 참기 힘들어하고 쉽게 짜증을 내는 아이라면 어렸을 때부터 전두엽 발달을 위한 특별한 노력이 필요합니다.

요즘은 육아 상담 프로그램이 많아졌는데, 아이를 키울 때 '사랑으로 키우라'는 부분만 유난히 강조되는 경향이 있습니다. 하지만 아이들의 전두엽은 부모의 사랑만으로는 발달하기가 어렵습니다.

부모의 사랑이 뇌의 변연계(정서 영역에 관련) 발달을 도와서 정서적 안정감과 자존감 형성에 중요한 역할을 하는 것은 맞습니다. 하지만 자기 조절을 위한 전두엽 발달을 위해서는 마냥 '좋다' '예쁘다'만 해줄 수는 없습니다. '오냐오냐했더니 할아버지 수염을 뽑는다'라는 속담처럼 무조건적인 사랑만으로는 아이를 올바르게 키울 수 없습니다. 전두엽 발달을 위해서는 어느 정도의 엄격한 규칙과 규율을 통해서 욕구를 지연하는 연습이 필요합니다.

그럼 집에서 전두엽 발달을 도와줄 수 있는 방법은 무엇이 있을까요? 바로 참고, 기다리고, 멈추는 연습부터 시작하는 것입니다. 욕구를 지연하는 연습을 통해 전두엽 발달을 도울 수 있죠. 전두엽은 다른 동물과 인간이 구분되는 가장 고차원적인 두뇌 영역으로 인격 즉 사람다움과 관련되어 있습니다. 그래서 아이들의 양육 과정뿐만 아니라 인문학이나 철학, 종교 등에서의 정신 수양 방법 또한 대부분 '욕구를 제어하는 것'부터 시작합니다. 만약 참을성이 없고 짜증이 많은 아이라면 전두엽 발달을 위해서 어렸을 때부터 다음과 같은 생활 속 습관을 꾸준히 실천할 필요가 있습니다.

전두엽 발달을 돕는 생활 습관 7가지

1. 음식을 먹을 때는 바로 먹지 않고 잠시 기다리는 시간을 보낸다.

맛있는 음식이 앞에 있으면 식욕 때문에 빨리 음식을 먹고 싶어집니다. 하지만 이때 바로 먹지 않고 잠시 시간을 두고서 욕구를 지연하는 연습을 합니다. 가족이 함께 음식을 먹을 때는 아버지, 어머니, 첫째, 둘째 등의 순서를 기다리는 규칙을 정하는 것도 좋은 방법입니다. 가족 간의 위계질서가 분명하게 인식되면, 아이가 부모의 통제에 잘 따르게 되고 형제간의 다툼도 줄어듭니다.

2. 반드시 해야 할 일을 먼저 하고서, 나중에 하고 싶은 일을 하도록 지도한다.

아이가 친구들과 놀고 와서 숙제를 하겠다고 약속합니다. 하지만 신나게 놀고 와서는 놀기 전에 했던 약속을 지킬 생각을 안 합니다. 그러면 부모는 아이가 약속을 어겼다는 사실 때문에 화가 나고 아이를 혼냅니다. 이런 경우 할 일을 먼저 하고 난 뒤에 아이가 원하는 일을 할 수 있도록 지도해주면 좋습니다. 자신의 욕망을 지연하는 동시에, 놀고 싶다는 욕구를 공부의 원동력으로 승화시키는 중요한 전두엽 발달 연습입니다.

3. 원하는 것은 미션으로 정하고 그것을 달성하면 들어준다.

원하는 바를 들어주지 않는다고 짜증을 내거나 울어버리는 아이들이 있습니다. 아이를 달래기 위해서 또는 아이와 실랑이하는 것이 싫어서 결국 그 요구를 들어주는 경우가 많은데요. 하지만 요구를 쉽게 들어주면 아이의 욕구는 더욱 강해지고 욕구가 충족되지 않았을 때의 짜증은 더욱 심해집니다. 따라서 원하는 것을 바로 들어주지 말고 해야 할 일들을 미션으로 정하고 그것을 달성하면 요구를 들어주도록 합니다.

미션은 가장 중요한 할 일 3~5가지를 리스트로 적어서 책상에 붙이고, 할 일을 모두 마치면 스티커나 동전을 획득하는 규칙을 정합니다. 기간은 일주일 정도가 적당하고 미션이 달성되면 반드시 약속을 들어주어야 합니다. 힘들어도 참고 해내면 원하는 것을 얻을 수 있다는 긍정적인 경험이 전두엽에 건강한 보상 회로를 형성해줍니다.

4. 영상이나 게임, 스마트폰은 원칙을 가지고 사용하도록 제한한다.

평소 흥분에 대한 욕구가 강한 아이라면 최대한 영상, 게임, 스마트폰에 노출되지 않도록 주의하는 게 좋습니다. 영상, 게임, 스마트폰은 뇌의 욕구 영역을 과도하게 자극하여 전두엽 발달을 지연시킵니다. 어쩔 수 없이 사용하는 경우, 사용 제한 앱 등을 통해서 부모가 기기에 대한 통제권을 갖고, 아이가 그 규칙을 지켜 사용하는 것이 중요합니다. 아이가 ADHD나 틱, 불안, 강박 등의 뇌 불균형 문제를 가지고 있다면 더욱 엄격하게 제한해야만 합니다.

5. 용돈은 할 일 리스트를 지킬 때 주는 것으로 정한다.

경제관념은 자신의 노력으로 돈을 버는 것에서 시작됩니다. 매주 그냥 받는 용돈은 쉽게 쓰게 마련입니다. 어른들도 마찬가지죠. 힘들게 일해 번 돈은 아까워서 절약하지만 복권이나 주식 등으로 쉽게 번 돈은 쉽게 사용해버립니다. 어른들이 사회에서 노력한 대가로 돈을 벌 듯, 아이들이 방 정리나 숙제하기 등 자신이 해야 할 일에 대한 리스트를 정하고 그걸 다 했을 때 용돈을 주는 방식으로 약속을 정합니다. 해야 할 일을 성실하게 다 하려고 노력한 뒤, 보상으로 용돈을 받는 과정을 반복하면 전두엽 발달에 도움이 됩니다. 아이가 자기 할 일 외에도 능동적이고 적극적으로 행동을 했을 때에는 특별 용돈을 주어서 아이의 올바른 행동을 강화해주는 것도 좋은 방법입니다.

6. 일과 계획표를 세워 반복하고 피드백하는 습관을 가진다.

평소 일주일 단위로 일과 계획표를 만드는 습관을 연습합니다. 처음부터 계획표대로 할 일을 다 마치는 것은 쉽지 않습니다. 하지만 할 일을 종이에 적어보고, 얼마의 시간이 걸릴지 예측하고, 어떤 일정들 사이에 배치할지 고민하는 과정에서 전두엽의 계획 기능이 발달합니다. 그리고 계획을 얼마나 제대로 실행했는지 점검하고, 목표를 다시 수정하고 보완해나가는 피드백 과정에서 전두엽의 성찰 기능과 메타인지가 발달합니다. 계획표를 세우는 것은 단기간에 쉽게 익숙해지지 않습니다. 따라서 부모와 아이가 함께 처음에는 쉽고 간략한 방법부터 시작해서 꾸준히 반복하면서 자신에게 맞는 계획과 피드백 방법을 찾아가야 합니다.

7. 타이머를 활용하여 시간을 예측하고 행동을 조절하는 연습을 한다.

숙제나 공부를 할 때 타이머를 활용하여 마감 시간을 정하면,

긴장과 목표 의식을 가지고 집중력을 높일 수 있습니다. 또한 놀거나 영상을 볼 때도 미리 노는 시간을 정하고 정한 시간이 끝나기 10~20분 전부터 알람이 5분 단위로 울리도록 합니다. 마쳐야 할 때를 예측할 수 있도록 하여 스스로 행동을 멈출 수 있도록 연습하는 과정입니다.

"혹시 우리 아이가
조용한 ADHD일까요?"

　흔히 우리가 아는 ADHD는 산만하고 과잉된 행동을 하는 유형입니다. 이런 유형의 아이들은 수업 시간에 가만히 앉아 있지 못하고 돌발 행동을 자주 하기 때문에 아이가 ADHD라는 사실을 보호자가 모르려야 모를 수가 없습니다.

　이런 아이들은 주변의 분위기와 상관없이 자신이 하고 싶은 대로 행동하려고 하기 때문에 사회성과 관련된 문제를 자주 일으킬 것입니다. 충분히 생각하지 않고 행동하고 다른 사람 말에 귀를 기울이지 않기 때문에 사춘기 이후에 반항을 하거나 골치 아픈 일들을 일으킬 수 있으므로 각별히 주의해야 합니다.

반면 '조용한 ADHD'는 눈에 잘 띄지 않습니다. 그런 아이들은 적극적으로 행동하지 않기 때문에 조기에 발견하기가 쉽지 않습니다. 겉으로는 조용해 보이지만 주의집중을 잘 못하고 학습을 힘들어하는 경우가 많습니다. 행동이 느리고 무기력한 태도를 보이는 경우 또한 많습니다. 초등학교 저학년까지는 조용한 성격과 구분하기가 어렵습니다.

조용한 ADHD는 대개 초등학교 고학년이 되면서 드러납니다. 학년이 올라가면서 책상에 오래 앉아 있어도 부족한 집중력 때문에 멍한 상태로 있는 경우가 많고 공부 효율이 오르지 않습니다. 그제야 부모님들이 ADHD를 의심합니다.

5학년 진현이가 어머니와 함께 병원을 찾아왔습니다. 진현이가 수업 시간에 집중하지 못해서 학교와 학원에서 계속 지적을 받고 있다고 했습니다. 어렸을 때부터 착하고 조용한 아이라고 생각했는데, 3학년 때부터 수업 시간에 자꾸 멍하게 있거나 딴 짓을 한다고 선생님께 지적을 받았다고 합니다. 소아정신과에서 검사를 받고 ADHD 진단이 나와서 그때부터 정신과 약을 먹이고 있다고 했습니다.

"치료를 잘 받고 계신 것 같은데 왜 저를 찾아오셨을까요?"

어머니는 진현이가 정신과 약을 먹으나 안 먹으나 크게 달라지는 모습은 없다고 했습니다. 그래서 다시 물었습니다.

"그럼 효과가 없는데 왜 ADHD약을 먹이고 계시는 건가요?"

"약을 안 먹인다고 해서 뾰족한 다른 방법이 있는 것도 아니어서요."

어머니는 의사 선생님이 먹어야 한다고 하니까 그냥 계속 먹이고 있는 거라고 답했습니다. 어머니의 답답했던 심정이 그대로 전해졌습니다. 게다가 약물 부작용으로 아이가 밥도 잘 먹지 않는 탓에 약을 복용하는 2년 동안 키가 2센티미터밖에 못 컸다며 하소연했습니다.

조용한 ADHD 아이들은 소화나 면역을 담당하는 자율신경과 운동신경의 기능이 저하된 경우가 잦기 때문에 ADHD 약물을 복용하면서 부작용을 겪는 경우가 많습니다.

저와 함께 치료를 시작하고 두 달이 지난 뒤, 어머니는 진현이가 밥을 너무 잘 먹게 되어 두 달 사이에 키가 4센티미터는 큰 것 같다며 기뻐했습니다.

"밥도 잘 먹고 키도 커서 좋은데요. 아이가 요즘에는 말대답이 많아지고, 밖에서 친구들하고 놀려고만 해서 걱정이에요."

조용한 ADHD 아이들은 치료를 통해 두뇌의 신경 작용이 활발해지면서 오히려 말도 많아지고 자기주장도 세집니다. 그래서 치료 과정에서 더 산만해지는 것처럼 오해받기도 하지요. 하지만 두뇌 관점에서는 뇌가 잘 발달하고 있다는 좋은 신호라고 설명해드렸습니다.

"아이 아빠도 아이가 말하는 게 좀 더 똑똑해진 것 같다고 얘기하더라고요. 저한테 말대답할 때도 전과 달리 어찌나 똑 부러지게 자기 할 말을 하는지, 제 말문이 막히더라고요."

그제야 어머니는 지금까지 아이가 보인 행동이 이해가 간다며 웃으면서 말했습니다.

조용하든 산만하든 ADHD는 기본적으로 목표한 일에 주의를 기울이기가 어렵고 집중하는 힘이 약하다는 공통점이 있습니다. 하지만 주의집중력을 부족하게 만드는 뇌 불균형의 요인이 사람마다 다르다보니 그에 따른 치료 방법도 달라집니다. 특히 조용한 ADHD의 경우는 뇌의 활성도가 떨어져 있고 수면, 면역, 소화 등 자율신경계가 약한 경우가 많습니다. 그 경우 전반적인 신체의 에너지 레벨을 높이고 자율신경을 강화하면서 전두엽 발달을 도와야 합니다. 만약 우리 아이가 자기 의견이 너무 없고 책상에 멍하게 앉아 있을 때가 많다면, 혹시 조용한 ADHD가 아닌지 진단을 받아볼 필요가 있습니다.

ADHD로
오해받는 아이들

한의원에 내원하는 아이들 중 다른 병원이나 기관에서 ADHD 판정을 받고 온 아이들이 제법 있습니다. 그런데 그 아이들을 진단해보면 언어와 인지 발달이 또래보다 다소 지연된 '경계선 지능'의 아이인데 ADHD로 진단을 받고 약물을 복용하고 있는 경우가 적지 않습니다.

톰 행크스가 주연을 맡았던 〈포레스트 검프〉라는 영화가 있습니다. 또래보다 다소 늦되어서 친구들의 놀림과 괴롭힘을 당하던 주인공 포레스트 검프가 순수한 마음과 성실함을 통해 자기 한계를 극복하고 행복한 삶을 만들어간다는 이야기인데요. 포레스트 검프라는 인물이 바로 경계선 지능의 한 예라고 볼 수 있습니다.

경계선 지능이란 지능지수가 70~84 사이에 해당하는 아이들을 말합니다. 경계선 지능의 경우, 부모가 아이의 문제를 제대로 인식하기가 어렵습니다. 아이가 공부에 대한 의지가 부족해서 혹은 공부 습관이 안 되어서 그렇다는 식으로 오해하면서 치료 시기를 놓치는 경우가 많습니다.

초등학교 6학년 은미를 데리고 부모님이 찾아왔습니다. 진료실에 들어온 은미는 눈에 초점이 명확하지 않았고 여러 가지 질문에 단답식으로 짧게 대답할 뿐 대화가 길게 이어지지 못했습니다. 학습은 잘 따라가지 못하고 있었고 학교에서 친하게 지내는 친구가 한 명도 없었습니다. 초등학교 1학년 때부터 ADHD 진단을 받고서 현재까지 약물을 복용하고 있었는데, 최근 다른 병원에서 경계선 지능장애라는 진단을 받았다며 부모님은 매우 혼란스러워했습니다.

경계선 지능의 아이들과 일상적인 대화는 가능합니다. 하지만 논리적인 대화가 어렵고, 자기 생각을 묻는 질문에는 대답을 회피하거나 엉뚱한 답을 내놓기도 합니다. 그러다보니 심리적으로 긴장이 높거나 엉뚱한 아이로 오해를 받기도 합니다. 특히 학습 시에 여러 번 설명해주어도 자꾸 이해하지 못하는 모습 때문에 주의가 산만한 ADHD로 자주 오해를 받습니다.

은미의 경우도 사실은 경계선 지능장애인데 ADHD로 잘못 진단을 받고서 오랜 기간 ADHD 약물을 복용해온 사례였습니다. 우선 ADHD 약물을 중단하고, 은미의 뇌 균형 발달을 위한 치료를 시작했습니다. 3개월이 지나자 아이는 점차 말이 많아지면서 전보다 구체적인 표현이 늘고 깊이 있는 대화가 가능해졌습니다. 6개월이 지날 무렵에는 학습 능력이 점차 향상되면서 전에는 여러 번 설명해도 이해하지 못하던 문제들을 두세 번 설명해주면 이해하게 되었습니다. 조금만 어려워도 쉽게 포기하던 아이가 지금은 문제를 풀기 위해 노력하는 모습을 보인다고 했습니다. 치료를 시작한 지 1년이 지나고 중학교 올라가서 진행한 지능 검사에서 초등학교 내내 70~80대였던 지능지수가 100이 넘을 정도로 향상될 수 있었습니다.

실제로 경계선 지능의 아이들을 봤을 때, ADHD와 비슷해 보이는 부분이 있습니다. 두 부류 모두 수업 시간에 가만히 앉아 있지 못하고 산만하게 행동하는 경향이 있습니다. 하지만 그들의 뇌 기전을 들여다보면 뇌 속 풍경은 상당히 다릅니다.

ADHD 아이들은 욕구 영역이 지나치게 활성화되어 있어 가만히 앉아 있기가 어렵고 충동적인 행동을 많이 합니다. 또 자기 조절에 관계하는 전두엽의 기능이 약해서 행동 조절이 되지 않고 주의집중도 어렵습니다. 그러다보니 학교 수업이 금방 지루해지고 학습에 집중하기 힘들어서 가만히 앉아 있지 못하는 것입니다.

하지만 아이가 산만하고 수업에 집중하지 못한다고 해서 반드시 ADHD인 것은 아닙니다. 또래에 비해 언어 이해력이나 인지 발달이 늦은 아이들은 수업 내용을 이해하기 어렵고, 진도를 따라갈 수 없다보니 결과적으로 산만하고 집중하지 못하는 모습을 보입니다. 언어나 인지 발달이 또래에 비해 약간 늦는 경계선 지능의 아이들은 곧잘 ADHD로 오해받곤 합니다.

문제는 ADHD에 사용하는 정신과 약물은 주의가 산만하고 가만히 있지 못하는 아이들을 '억제'하기 위해 처방된다는 점입니다. 경계선 지능의 아이들은 오히려 뇌의 활동성을 끌어올려주어야 하는데, 이런 아이들의 산만함을 잡겠다고 ADHD 약을 처방하면 완전히 방향이 어긋난 처방이 되는 것이지요. 시들시들 잘 자라지 못하는 싹에 거름을 주고 영양을 주어야 하는데, 잡초를 제거한답시고 제초제를 뿌리고 있는 상황과 같습니다. 경계선 지능의 아이에게는 두뇌 기능을 활성화하고 뇌 발달을 촉진

하는 처방을 내려야 언어와 인지 능력이 향상되면서 산만함과 주의력 부족이 해결될 수 있습니다.

ADHD는 두뇌의 욕구 영역과 자기 조절 영역의 균형을 회복하는 것이 중요하고, 경계선 지능의 경우는 언어와 인지 영역의 발달을 강화하는 것이 중요합니다. 문제가 발생하는 기전이 완전히 다르기 때문에 치료 방법도 치료 기간도 다를 수밖에 없습니다.

☑ 체크 리스트 : ADHD

다음은 ADHD에서 보이는 증상들입니다. 성장기 아이들에게 일부 항목이 체크될 수 있으나 크면서 증상이 개선됩니다. 만약 나이가 들면서 오히려 체크되는 항목이 늘어난다면 전두엽 발달을 방해하는 환경적 요인과 내재된 뇌 불균형 요인을 체크해볼 필요가 있습니다. 다음의 증상이 일시적이지 않고 적어도 6개월 이상 지속되면서 집과 학교, 친구 관계 등 두 군데 이상의 장소에서 관찰된다면 ADHD를 의심해볼 수 있습니다.

ADHD 체크 리스트	
다른 사람이 하는 말을 조용히 듣지 못한다.	
선생님이나 부모가 지시한 사항을 그대로 완수하기 어렵다.	
산만하고 과잉행동을 동반한다.	
분위기에 상관없이 말을 지나치게 많이 한다.	
지루해지면 딴짓을 하거나 남을 집적거린다.	
같은 실수를 반복한다. 실수를 거울로 삼지 않는다.	

학교나 학원에서 활동 중에 실수를 많이 한다.	
수업, 과제 중 주의를 지속하는 것이 어렵다.	
다른 사람의 말이나 행동을 가로막고 끼어든다.	
과제를 순서대로 체계대로 못한다.	
늘 하던 것도 다음에 무엇을 해야 할지 금방 잊어버린다.	
단체 활동을 할 때 자기 순서를 기다리지 못 한다.	
요구되는 시간 동안 의자에 앉아 있지 못한다.	
학교나 집에서 필요한 물건들을 자주 잃어버린다.	
가만히 있지 못하고 끊임없이 움직인다.	
무엇을 시작하는 것이 어렵고, 할 일을 미룬다.	
동기가 부족하고 스스로 하지 않는다.	
약간의 자극에도 다른 아이들보다 더 민감하게 반응한다.	
조용하지만 멍하게 있을 때가 많다.	

■ 1~3개 : 주의력 발달 관찰 단계

아이가 일시적으로 산만하거나 실수를 반복하는 모습은 성장 과정에서 흔히 나타날 수 있습니다. 그러나 같은 행동이 반복된다면 주의력과 실행 기능의 발달 속도를 살펴볼 필요가 있습니다.

■ 4~5개 : 전두엽 발달 점검 단계

성장기 아이들에게는 일부 항목이 해당될 수 있습니다. 하지만 시간이 지나면서 증상이 줄어드는 것이 아니라 오히려 늘어난다면 전두엽 발달을 방해하는 환경적 요인이나 내재된 뇌 불균형 가능성을 함께 고려해봐야 합니다. 주의력, 감정 조절, 실행 기능에 반복적인 어려움이 관찰된다면, 전두엽 발달이 지연되고 있을 가능성이 있으니 뇌 발달을 방해하는 스마트폰이나 음식 등의 생활환경을 조절해줄 필요가 있습니다.

■ 6개 이상 : ADHD 의심 단계

여러 항목이 동시에 지속된다면 전두엽 기능의 미성숙과 뇌 균형 저하를 의심해볼 수 있습니다. 이 경우, 아이는 단순히 산만한 것이 아니라 주의집중, 감정 조절, 동기부여 등 다양한 기능에서 어려움을 겪고 있을 수 있습니다. ADHD 여부를 의학적으로 확인하고 전두엽의 균형 있는 발달을 유도해주는 전문가의 개입이 필요합니다.

5장

두뇌의 역습 II
발달장애

두뇌 발달이
늦는다는 신호

    아이들이 크는 동안 아이의 뇌는 말초신경에서 전두엽까지 시기별로 발달하면서 하나의 정체성을 만들어갑니다.

    운동신경이 발달하면서 기기, 걷기가 가능해지고, 자율신경이 발달하면서 수면, 면역, 소화 기능이 발달합니다. 나아가 인지와 언어 영역이 발달하면서 대화가 가능해지고 학습도 가능해집니다. 사람마다 성장 속도에 다소 차이가 있기는 하지만 대체로 비슷한 시기에 비슷한 과정을 해가게 마련입니다.

    그런데 또래에 비해서 좀 늦는 것처럼 보이는 아이들이 있습니다. 걸음마를 할 때가 지났는데 걸을 생각을 안 한다거나, 대소변을 가릴 때가 지났는데 여전히 실수를 한다거나, 말을 할 때가 지났는데 아직 말하지 못하는 경우입니다. 발달 과정이 약간 늦는다고 크게 걱정할 일은 아니지만, 또래와 차이가 심하게 난다면 두뇌 발달 속도가 늦다는 신호일 수 있으니 주의 깊게 지켜봐야 합니다. 혹시 아이가 걷기나 말하기가 늦었다면, 이후에 언어나 인지, 학습 영역의 뇌 발달 과정에서는 큰 어려움은 없는지 계속 관찰할 필요가 있습니다. 실제 병원에서 만난 뇌 불균형을 겪는 아이들 중에는 어렸을 때 발달 과정이 늦었던 경우가 많습니다.

또래보다 운동성이나 언어, 인지 능력 등이 현저하게 늦는 경우를 '발달장애'라고 합니다. 발달장애는 크게 '지체장애'와 '지적장애'로 구분할 수 있습니다. 지능은 정상인데, 신체 조절이 잘되지 않는 경우를 지체장애라고 하고, 신체 기능은 정상이지만 지능이 평균보다 떨어지는 경우를 지적장애라고 합니다. 언어 발달이 떨어지는 경우와 운동 발달이 떨어지는 경우 등 증상에 따라서도 구분할 수 있습니다. 발달장애 중에서 특히 소통 능력이 떨어지는 경우를 '자폐증'이라고 합니다. 심각한 발달장애의 경우 뇌 기능이 저하된 정도가 심하기 때문에 치료가 쉽지는 않습니다.

하지만 발달 지연의 정도가 경계선 상에 있는 경우라면 제대로 두뇌 발달을 도와주는 것으로도 충분히 긍정적인 변화를 이끌어낼 수 있습니다. 다른 아이들보다 말이 조금 어눌하거나 의사소통이 원활하지 않다고 느껴지고, 운동 능력이 미묘하게 떨어지는, 경계에 있는 아이들. 이런 아이들은 초등학교에 입학하기 전까지 부모가 심각하게 여기지 않는 경우가 제법 있습니다. 아이가 조금 늦는 것 같지만, 크다보면 저절로 나아지겠거니 하고 방치하는 것입니다. 그러다 초등학교에 들어가서 또래와 잘 어울리지 못하고 학습 진도를 따라가지 못하면 그제야 부랴부랴 치료 기관을 찾습니다.

실제로 아이들의 두뇌 발달에는 단계마다 과정이 있고, 결정적인 시기도 존재합니다. 이전 단계에서 발달이 충분하지 못하면 다음 단계의 고차원적인 두뇌 발달이 이루어지기 어렵습니다. 예를 들어 만 3세가 넘었는데도 아이가 말을 잘하지 못하면, 다음 단계의 인지 발달이나 사회성 발달도 늦어질 수밖에 없다는 뜻입니다.

발달 지연의 경우, 다른 질환에 비해 치료 기간이 길고 아이의 변화가 바로 나타나는 것은 아니다보니 부모님의 인내심이 필요합니다. 하지만 치료 시기가 늦어질수록 또래와의 차이가 커지고, 발달이 늦은 부분을 회복하는 데 더 많은 시간이 필요해집니다. 그러니 되도록 취학 이전에 치료를 시작하는 것이 좋습니다.

아이가 발달 지연을 보이는지 알아보기 위해서는 영유아 시기에 두뇌가 발달하는 과정에서 문제가 없었는지 살펴볼 필요가 있습니다.

1. 눈 맞춤 시간이 충분한가

눈 맞춤은 인지와 소통을 위한 뇌 발달의 처음 시작 단계입니다. 양육자와 눈 맞춤이 되지 않거나 지속 시간이 짧다면 아이의 인지 발달이나 언어 발달, 공감 소통 영역의 발달이 늦을 수 있습니다. 만 2세 이상의 아이와 소통할 때, 아이가 눈 맞춤을 충분히 하지 않는다면 발달 지연을 의심해봐야 합니다.

2. 소리나 감각에 너무 민감하지 않은가

주위의 소리를 잘 듣고 있는지, 특히 주변 사람의 말소리에 관심을 갖고 충분히 반응하고 있는지 확인해야 합니다. 사람의 말소리에 별 반응이 없다면 발달 지연을 의심해봐야 합니다. 하지만 아이가 소리에 너무 민감해서 작은 소리에도 잘 놀라거나 드라이어나 청소기 소리, 변기 내리는 소리 등에 과도하게 반응하는 경우도 두뇌 발달에는 좋지 않은 신호임을 알아야 합니다(청각). 옷의 소재나 태그에 닿는 느낌(촉각)에 민감한 경우, 맛(미각)이나 냄새(후각)에 민감한 경우, 빛(시각)에 과도하게 민감한 경우 등 오감이 민감한 경우도 마찬가지입니다.

3. 운동 발달이 잘 되고 있는가

아이의 운동신경 발달 단계는 목 가누기, 뒤집기, 기기, 서기, 걷기의 순서로 발달하는 대근육 발달에서 손으로 물건을 잡고 만지고 조작하는 소근육 발달로 이어집니다. 이런 과정이 순차적으로 잘 연결되고 있는지 확인해야 합니다. 대근육 발달은 자세와 체형에 관계하고 소근육 발달은 젓가락질, 글씨 쓰기 등 정교하고 섬세한 동작과 관계합니다.

4. 언어 발달이 잘 되고 있는가

아이는 대략 6개월이 지나면 옹알이를 시작하고, 12개월이 되면 엄마, 아빠 같은 첫 단어를 말하기 시작합니다. 18개월이 되면 어휘가 폭발적으로 증가해 약 50~100개의 단어를 사용할 수 있죠. 24개월이 지나면 두 개 이상의 단어나 구문을 조합하여 간단한 문장을 만들 수 있습니다. 기본적인 언어 발달이 이루어지고 나면 다른 사람이 말하는 내용을 이해하고 해석하는 단계에 이릅니다.

5. 인지 발달이 잘 되고 있는가

아이는 보고 경험하고 모방하면서 여러 가지 개념을 익히고 받아들입니다. 이러한 인지적 발달은 연령에 따라 점점 확장되어야 합니다. 만약 수차례 반복해서 이야기해주고 경험하게 해주어도 모방과 습득의 과정이 이루어지지 않는다면, 인지 발달이 늦는 것은 아닌지 의심해보아야 합니다. 어렸을 때 인지 발달이 늦었다면 글자를 익히거나 책 읽기를 힘들어할 수 있고, 학년이 올라가면서 학습장애의 어려움을 겪을 수 있습니다.

6. 공감 소통이 잘 되는가

사람들과 상호작용이 가능한지, 공감과 소통이 가능한지를 살펴봐야 합니다. 대화할 때 자기가 하고 싶은 말만 하는지, 상대의 감정이나 의사에도 주의를 기울이고 있는지 관찰해봐야 합니다. 이런 부분이 부족하다면 사회성 발달에 문제가 있을 수 있습니다. 만약 어렸을 때부터 상대와 눈 맞춤이 부족하거나 감정적 소통이 어렵고, 질문에 답하는 대신 질문을 그대로 반복해 말

하는 경우 자폐스펙트럼이나 아스퍼거 증후군을 의심해봐야 합
니다.

발달장애,
정말 좋아질 수 있을까?

　보통 내원하는 발달장애 아동들은 언어나 인지 능력이 평균보다 떨어지거나, 걸음이 느리고 달리기 같은 운동 능력이 현저하게 떨어지는 경우가 많습니다. 발달장애 아이들은 또래에 비해 인지 능력이 낮기 때문에 무리에 자연스럽게 어울리기 어렵습니다. 사람들과 눈 마주침이 되지 않으니 분위기를 파악하지 못하거나 불안해하고 돌출 행동을 해서 문제를 일으키기도 합니다. 사정이 이렇다보니 발달장애 아이의 부모는 아이가 초등학교 고학년 정도 되면 반은 포기한 상태가 됩니다. 더 이상 상태가 호전되리라 기대하지 않는 것이지요.

"원장님, 우리 수아가 이제 6학년이 되었는데요, 담임 선생님이 특수반에 있을 아이로 전혀 보이지 않는다고 말씀하셨어요."

발달장애로 저희 병원에서 2년간 치료를 받아온 수아 어머니가 기쁜 표정으로 내원했습니다. 처음 상담할 때 어머니는 수아가 다섯 살이 되어서야 겨우 말을 하고, 다른 아이들에 비해 지능이 다소 떨어진다는 사실을 알고 있었지만, 초등학교 입학 전까지는 아이가 발달장애라는 사실을 꿈에도 몰랐다고 했습니다.

"시어머니 말씀이 수아 아빠도 어렸을 때 조금 늦되었다고 하시더라고요. 그래서 아빠 닮아 조금 늦나보다, 시간이 지나면 따라가겠지, 하고 생각했어요."

그런데 초등학교에 입학하고 나서도 수아가 별반 나아지지 않자, 그제야 수아가 다른 아이들보다 많이 늦다는 사실을 알았습니다. 4학년이 되어서는 담임 선생님의 권유로 특수반에서 수업을 듣게 되었고, 특수반 선생님으로부터 아이가 일반 중학교에 진학하기 어려울 것 같다는 얘기를 듣고서 한의원에 찾아온 것입니다.

"그래요? 수아가 어떻게 달라졌다고 하던가요?"

제 물음에 어머니가 조금 흥분한 목소리로 답했습니다.

"담임 선생님도 그렇고, 특수반 선생님도 수아가 많이 좋아졌다고 하셨어요. 예전에는 주위 상황을 잘 파악하지 못하던 수아가 선생님께 뭐 할 거 없냐고 먼저 물어보고 자기 일을 스스로 알아서 하려고 한대요. 의사 표현도 적극적으로 하고, 얼마 전에는 친구 전화번호를 세 개나 알아 왔지 뭐예요."

보통 초등학생 아이 엄마라면 아이가 친구 연락처를 알아온 게 뭐 그리 대수일까 생각할 수 있습니다. 그런데 수아는 인지 능력이 떨어져서 친구들이 하는 말의 의미를 잘 알아듣지 못했습니다. 말귀를 알아듣지 못하니 자연히 의사소통에 문제가 있을 수밖에 없고, 그러다보니 친구를 사귀기 어려웠습니다. 그런 아이가 세 명의 친구와 전화번호를 주고받았으니, 엄마 입장에서는 얼마나 대견하고 놀라웠을까요? 아이가 또래와 소통할 수 있고, 또래 그룹에서 받아들여진다는 의미였으니까요.

보통 발달 지연 아이들은 치료를 받는다고 해도 또래의 두뇌 성장 속도를 따라잡기가 쉽지 않습니다. 발달장애 아이들이 성장하는 동안 다른 아이들이 정체되어 있는 건 아니니까요. 하지만 수아는 2년여간의 치료 끝에 보통 아이들과 크게 구분되지 않을 정도로 언어 능력과 운동 능력을 키울 수 있었습니다.

예전에는 대화할 때 말뜻을 이해하지 못해서 멍하게 있던 아이가 상대방이 하는 말에 집중하고 반응하기 시작했고, 달리기

할 때 무릎을 구부리는 것이 어색했던 아이가 이제는 다른 아이들과 함께 달려도 조금 달리기를 못하는 아이로 보일 뿐 운동장애가 있는 것처럼 보이지는 않았습니다. 논술 선생님도 읽기 능력이 향상됐다고 하니, 아이의 언어와 인지 능력이 몰라보게 발달하고 있는 것이 분명했습니다. 그런 상태에서 학년이 올라가 새 담임 선생님을 만났는데, 담임 선생님이 멀쩡한 아이가 왜 특수반에 다니느냐고 물을 정도가 된 것입니다.

일반 중학교에 다닐 수 없을 거라는 청천벽력 같은 선고에 치료를 시작한 어머니로서는 감개무량한 일이 아닐 수 없었을 것입니다. 수아는 결국 다른 아이들처럼 일반 중학교에 진학할 수 있었습니다.

사실 현대 의학으로 발달장애 아이들을 위해서 할 수 있는 게 별로 없습니다. MRI나 CT를 찍어봐도 아이들의 뇌에서 실질적인 이상은 관찰되지 않습니다. 치료 방법도 언어치료나 인지치료, 감각통합과 같은 치료를 진행하는 게 전부고, ADHD나 틱장애처럼 처방할 수 있는 정신과 약물이 있는 것도 아닙니다. 발달장애 자체가 뇌의 발달에 심각한 장애가 발생한 것이다보니 어떤 치료법을 써도 치료가 쉽지는 않습니다.

한의학에서는 소아기의 발달이 늦는 경우를 오지증(五遲症)과 오연증(五軟症)이라고 보고 치료해왔습니다. 오지증은 다섯 가지 발달이 늦은 경우로, 돌이 지난 후에도 혼자 서지 못하는 입지(立遲), 걸을 나이가 되었는데도 걷지 못하는 행지(行遲), 머리카락이 늦게 자라는 발지(髮遲), 치아가 늦게 나오는 치지(齒遲), 말할 때가 되었는데도 하지 못하는 어지(語遲)로 구분합니다.

오연증은 다섯 가지 발달이 약한 경우로, 부위에 따라서 목을 가누기 힘든 경우, 손에 힘이 없는 경우, 보행이 어려운 경우, 씹기가 힘든 경우, 근육이 약한 경우로 구분하고 있습니다.

저도 처음에는 순수하게 한의학적 관점으로 치료를 시작했습니다. 그러나 뇌의 생리와 기능을 전체적인 관점에서 바라보는 오스테오파시나 기능신경학(뇌와 신경 간의 기능적 불균형을 개선하는 의학) 등과 같은 서양의학 분야를 공부한 뒤로는, 동서양 의학의 통합적인 관점에서 뇌를 재해석해 치료에 응용하고 있습니다. 그러다보니 쉽지 않은 발달장애 치료에서 좋은 결과를 만든 사례들이 꾸준히 쌓여왔습니다.

발달장애를 치료할 때 가장 힘든 점은 아이들의 두뇌 발달 속도가 너무 늦다보니 어떤 부분이 좋아지고 있는지, 지금 진행 중인 치료가 효과가 있는지를 가늠하기 어렵다는 점입니다. 아이의 부모뿐만 아니라 발달장애 아동을 치료하고 있는 전문가조차 이 부분이 가장 어렵습니다. 열심히 치료하고 있는데도 성과가 나타나지 않을 때면, 마치 깨지지 않는 바위를 두드리고 있는 것 같은 무기력감을 느끼죠.

하지만 '뇌'에 집중해서 두뇌 균형을 강화하고, 두뇌의 통합과 성장을 이끌어주면 발달이 늦은 아이들에게도 눈에 띄는 성장 변화가 나타납니다. 아이들의 두뇌가 발달하고 새로운 영역이 열릴 때마다 어느 의학 서적이나 논문에서도 찾아볼 수 없었던, 뇌가 우리에게 들려주는 성장 신호를 알아차릴 수 있게 됩니다.

문제로 오해받는
뇌 발달 증상들

아이들은 두뇌가 발달하면 수동적 상태에서 점차 능동적 상태로 변화합니다. 이때부터 아이들의 떼쓰기도 심해집니다. 처음에는 이를 감정적으로만 표현하다가 점점 언어적으로 표현하기 시작합니다. 그러면서 점차 논리적인 자기 의사를 표현하죠. 이 단계를 통해서도 두뇌의 발달 정도를 체크해볼 수 있습니다.

1. 능동적 욕구를 표현하는 단계

아이를 키우는 집이라면 아이가 말문이 트이면서 궁금한 점을 지겹도록 질문하는 시기를 겪어보았을 것입니다. 그러다 원하는 게 생기면 고집도 부리고 떼도 쓰지요. 특히 '미운 일곱 살'이라 불리는 시기에는 하루가 멀다 하고 사고를 치는 통에 부모도 화를 참기 힘들어 결국 폭발하곤 합니다.

하지만 뇌의 관점에서 바라보면 이러한 과정은 한 사람의 인간으로 성장하는 지극히 자연스러운 통과의례입니다. 자신의 욕구를 인지하고 의사를 표현하는 것은 아이의 뇌가 성장하고 발달하는 과정에서 자연스럽게 나타나는 현상이니까요.

그런데 부모님들 중에는 아이가 부정적인 표현을 사용하는 것을 문제로 보는 경우가 있습니다. 아이의 뇌가 성장할 땐 다양한 욕구 영역이 발달합니다. 좋아하는 것과 싫어하는 것이 생기고, 하고 싶은 것과 하기 싫은 것이 분명해집니다. 만약 원하는 것이 생겼는데 그것을 갖게 되면 아이는 기뻐하고 즐겁다고 표현합니다. 반대로 원하는 것을 가지지 못하면 떼를 쓰고 고집을 피우지요. 두뇌가 발달하면서 이전보다 더욱 적극적이고 긍정적인 방식으로 의사를 표현하기도 하고, 짜증과 분노와 같은 부정적인 방식으로 생각을 드러내기도 합니다.

아이들 입장에서는 두뇌에서 막 올라오는 욕구들을 처음 경험하기 때문에 어떻게 대처하고 해결해야 할지 잘 모릅니다. 게다가 아직 언어 표현이 미숙할 경우 물건을 집어 던지거나 울고 떼를 쓰거나 문을 쾅 닫는 식으로 욕구에 대한 불만을 표현하기도 합니다. 부모는 아이가 갑자기 난폭해지니 당황스럽고 아이 성격이 나쁘게 굳어질까봐 두렵기도 합니다. 하지만 이때도 아이가 지나치게 큰 문제를 일으키는 것이 아니라면 기다려줄 필요가 있습니다. 아이 스스로 그런 행동이 세상 속에서 잘 받아들여지지 않는다는 사실을 경험하고 조율해가는 과정이 필요하기 때문입니다.

2. 감정적 의사를 표현하는 단계

두뇌가 점점 더 발달하며 아이는 점차 원하는 것들이 생기고, 원하는 것을 얻기 위해 자기 의사를 표현하기 시작합니다. 그 단계를 살펴보면, 처음에는 비언어적 단계에서 감정을 표출합니다. 왜 기쁘고 왜 화가 나는지 스스로 제대로 인지하지 못하기 때문에 감정을 있는 그대로 발산합니다.

아이의 두뇌 발달이 늦어서 감정과 욕구를 주관하는 변연계의 발달이 지연되면 이런 능동적인 감정 표현이 일어날 일이 별로 없습니다. 그저 상황에 따라 수동적으로 느끼는 단순 감정만 표현할 뿐입니다. 이런 아이들은 질문을 받아도 "예" "아니오" 같은 단답형으로 답하고, 조금만 어려운 질문에도 모른다고 대답합니다. 자기 생각이 별로 없으니 엄마가 시키는 대로 행동하고, 큰 문제를 일으키지 않으니 부모 입장에서는 조용하고 얌전한 아이라고 착각하는 것이지요. 하지만 실제로는 얌전한 것이 아니라 뇌가 능동적으로 작동하지 않는 멍한 상태입니다.

건강한 아이들은 자신의 호기심과 다양한 욕구를 보다 적극적으로 표현합니다. 부모나 어른들이 뭘 하고 있으면 자기가 하겠다고 나서고, 섣불리 해보다가 엉망으로 만들고, 고삐 풀린 망아지처럼 돌아다니며 사고를 칩니다.

이런 과정을 거치면서 아이들의 뇌에서는 새로운 뇌세포가 늘어가고, 시냅스가 연결되고, 가지치기를 하면서 인지 발달이 이루어집니다. 아이의 뇌는 더 많은 경험을 하고 싶어합니다. 재미있는 말을 들으면 질릴 때까지 따라 하고, 궁금한 점이 있으면 풀릴 때까지 묻습니다. 그게 뇌가 정상적으로 발달하는 아이들에게서 나타나는 자연스러운 행동이지요.

3. 언어적 의사표현을 하는 단계

감정을 있는 그대로 표현하는 단계에서 조금 더 발전하면 이제 뇌에서 언어화가 시작됩니다. 언어화 단계는 처음에는 자신의 감정을 단순하게 표현하는 데서 시작해 점차 논리적인 표현으로 발전합니다.

자기 맘에 들지 않을 때 울면서 "엄마 미워" "아빠 싫어" "짜증 나"와 같은 반응을 보이는 것은 아이가 자신이 느낀 감정에 대해 일차원적인 언어를 구사하는 것입니다.

인간의 사고는 기본적으로 언어를 기반으로 합니다. 그리고 아이들은 생각한 것을 있는 그대로 말합니다. 아이가 좀처럼 말이 없다면 생각이 깊은 것이 아니라 생각 자체가 일어나지 않는 것일 확률이 높습니다. 아이의 뇌에서 세상을 바라보는 인지 감각이 충분히 일어나지 않는 상태지요.

조금 더 성숙해지면 감정을 표현하는 방식도 세련되어집니다. 단답으로 일관하던 의사 표현이 문장으로 발전하고 논리도 생깁니다. 예전에는 부모한테 혼나면 단순히 짜증을 내던 아이가 이제는 정색하고 공격을 하기 시작합니다.

"저번에는 이렇게 하라고 해놓고 왜 이번에는 딴소리해?"

부모들은 기가 막혀 할 말을 잃습니다. 그러고는 아이가 갈수록 버릇이 없어진다고 구박하지요. 그럴 때 아이의 버릇없는 행동에 초점을 맞추기보다 아이의 뇌가 발달하는 과정을 주시해보면 어떨까요? 관점을 바꾸면 보이는 것도 달라지는 법입니다. 아이의 말대꾸에 버릇없다고 꾸짖을 수도 있지만, 부모의 말문이 막힐 정도로 아이가 논리를 구사할 수 있게 되었다고 볼 수도 있습니다. 그러면 아이를 대하는 태도도 달라지겠지요.

4. 논리적으로 대화하는 단계

이제 단순히 물리적인 체벌로는 아이를 설득할 수 없는 단계가 됩니다. 아이의 뇌는 끊임없이 성장하고 있는데, 부모는 과거에 머물러 있으면서 말을 잘 들으라고 강요해봤자 소용이 없습니다. 이때는 부모도 아이를 설득할 수 있는 논리를 갖추어야 합니다. 아이의 인지 기능이 더 발달하면 그때는 아이의 질문을 그냥 들어주기만 하는 게 아니라 정확하게 답을 해줘야 하는 거죠.

입이 트여 아무 말이나 하는 시기에는 엄마가 건성으로 대답해도 큰 상관이 없습니다. 하지만 아이의 인지 기능이 계속 성장하는 시기에는 아이의 질문을 진지하게 듣고 제대로 답을 해줘야 합니다. 이때는 아이를 너무 나무라서도 안 되고, 차근차근 설득할 줄도 알아야 합니다. 그러려면 부모도 일관성이 있어야 하겠지요. 아이와 함께 대화하면서 아이의 의견을 물어보고, 때로 말로 설득하면서 아이의 인지 발달이 더 고차원적인 수준까지 성장할 수 있도록 도와야 합니다. 아이를 한 사람의 인간으로 대접해주어야 하는 단계지요.

뇌 발달이
좋아지고 있다는 신호들

발달 지연 문제로 한의원에 내원하는 아이들은 처음에는 말이 없거나 표현이 어눌하고 단답형 질문에만 답을 합니다. 약간만 어려운 질문을 해도 대답하기를 어려워합니다. 그러다보니 자신감이 없고 얼굴은 무표정하거나 생기가 별로 없습니다.

하지만 이런 아이들의 두뇌에서 긍정적인 변화가 시작되면 표정이 밝아지고 하고 싶은 말도 행동도 많아집니다. 주변 사람들로부터 아이가 전보다 밝아지고 표현이 많아진 것 같다는 이야기를 듣지요. 이렇게 두뇌의 변화는 아이들의 말과 행동을 통해서 드러납니다. 키가 한창 클 때 성장통을 겪는 것처럼 아이들의 두뇌가 발달할 때도 시기마다 거쳐야 할 단계가 있습니다. 그 징후들은 반드시 긍정적인 모습으로만 나타나는 것이 아니기 때문에, 아이를 키우는 부모 입장에서는 걱정이 많아질 수 있습니다. 그럴 때 제가 부모님들에게 자주 하는 이야기가 있습니다.

"아이의 두뇌가 성장 발달한다고 해서, 부모의 말을 잘 듣고 시키는 대로 순순히 행동할 거라고 착각하면 안 됩니다. 오히려 반대로 말도 안 듣고, 시키는 대로 행동하지 않을 수 있어요. 두뇌가 발달한다는 것은 스스로 독립이 가능한 방향으로 성장하도록 돕는 것이기 때문이에요. 두뇌가 발달할수록 자기 생각과 감정이 더 명확해집니다. 그래서 부모의 의견에 반항도 하고 대들기도 하는 거예요. 성장통의 시기를 거치지 않는다면 실제적인 두뇌의 성장 발달이 이루어질 수 없습니다."

뇌 불균형 문제를 가진 아이들을 치료할 때 두뇌가 긍정적으로 변화하고 있음을 알게 해주는 몇 가지 성장 지표가 있습니다.

1. 두뇌 활성화 과정 : 표현이 늘고 밝아졌어요

대부분의 아이들에게서 가장 처음 나타나는 변화는 전보다 표현이 많아지고 밝아지는 것입니다. 두뇌가 활성화되고 사고 작용이 왕성해지면서 자기 감정이나 생각을 표현하는 일이 많아집니다. 또 신경의 흐름이 원활해지면서 컨디션이 좋아지니 기분도 좋아지고 밝아집니다. 두뇌의 긍정적인 변화는 반드시 말과 행동으로 드러납니다.

다만 두뇌 영역이 열리고 활성화되기 시작했다고 해서 곧바로 말과 행동이 유창해지고 어른스러워지는 것은 아닙니다. 어린아이가 처음 걸음마를 떼면 뒤뚱거리고 넘어지고를 반복하면서 결국은 걷는 것처럼 아이들의 두뇌도 시행착오를 거치면서 좋아집니다.

2. 언어 발달 과정 : 말이 많아졌어요

두뇌에서 언어 영역의 발달이 일어날 때 아이의 말수가 많아집니다. 물론 처음부터 완벽하지는 않습니다. 말의 앞뒤 문맥이 맞지 않는 탓에 듣는 사람은 무슨 이야기인지 제대로 이해할 수 없습니다. 그러다보니 보호자 입장에서는 말이 없고 조용할 때보다 더 걱정하게 마련이죠.

아기들은 말을 시작하기 전에 한동안 알아들을 수 없는 소리를 내는 시기를 거칩니다. 이를 '옹알이'라 부르죠. 옹알이 시기를 거치면서 말문이 트이듯, 언어 영역이 발달할 때도 문맥에 맞지 않는 이야기라도 말의 양이 먼저 늘어나는 시기를 거쳐야 합니다. 이때 아이가 하는 이야기가 잘 이해되지 않더라도 적극적으로 호응해주고 들어주어야 합니다.

이 시기 부모들은 아이의 잘못된 언어 표현이 습관으로 굳어질까 염려해 바로잡아주려고 하는 경향이 있습니다. 그러나 아이의 표현이 엉뚱하고 맥락 없고 논리적이지 않더라도 그것을 지적하거나 어법에 맞게 수정해주려고 하지 않는 것이 좋습니다. 언어를 교정해주다보면 아이는 자꾸 표현이 위축될 수밖에 없습니다. 아이의 언어 발달을 오히려 방해하는 것이죠.

아이가 말 자체를 많이 하도록 칭찬해주고 격려해주는 편이 좋습니다. 그러다보면 점차 아이의 말에 맥락이 갖춰지고 앞뒤 논리가 생기기 시작합니다. 사람의 뇌는 많은 반복을 통해서 상위 영역으로 발전합니다. 언어 영역의 발달 또한 먼저 언어의 양이 늘어나야 질적 변화가 나타날 수 있습니다.

3. 인지 발달 과정 : 호기심이 늘었어요

인지 영역의 발달이 일어날 때도 마찬가지입니다. 전에는 얌전하고 조용했던 아이의 두뇌에 갑자기 알고 싶고, 만지고 싶고, 궁금한 생각들이 생기기 시작합니다. 하지 말라는 것도 자꾸 만져보고 싶고 직접 해보고 싶어집니다. 아이는 머릿속에 자꾸 떠

오르는 질문들을 묻기 시작하지요. 하지만 아이의 발달 단계에서는 부모가 설명해줘도 정확히 이해하기는 어려울 수 있습니다. 그런데도 인지 기능이 발달하는 탓에 계속 궁금하기는 하니까 같은 질문을 여러 차례 반복하는 것입니다.

안타깝게도 인지 영역이 열리지 않은 아이들은 아예 궁금증이 없습니다. 하늘이 왜 파란지, 비행기는 왜 나는지 궁금해하지 않습니다. 그러니 아이가 갑자기 무엇이든 궁금해하고 호기심을 갖는다면 기뻐해야 할 일입니다. 뇌의 발달 단계를 이해하지 못하면 기뻐해야 할 일조차 기뻐하지 못하고 오히려 문제 삼게 됩니다. 아이들의 두뇌 발달을 위해서는 부모가 급하게 생각하지 말고 옆에서 지켜보고 지지해주는 것이 무엇보다 중요합니다.

부정적인 반응도
발달의 증거다

아이가 거짓말을 하기 시작했다고 상담을 받은 어머니가 있었습니다.

"원장님, 며칠 전에 있었던 일인데요, 제가 밖에서 일을 하고 있어서 항상 저녁때쯤 하윤이와 통화를 하거든요. 숙제를 끝냈냐고 물었더니 다 했다는 거예요. 그래서 안심하고 일을 마치고 집에 들어갔는데, 하윤이가 숙제를 하나도 안 해놓고 놀고 있더라고요."

어머니는 아이가 숙제를 안 한 것보다 자기에게 거짓말을 했다는 사실에 더 충격을 받았다고 합니다. 어머니는 아이가 거짓

말을 했다는 '사실'에 흥분했지만, 저는 하윤이가 '왜' 거짓말을
했는지가 궁금했습니다. 거짓말한 이유를 안다면 아이의 뇌 속
풍경을 더 잘 이해할 수 있을 테니까요.

"그래서 어떻게 하셨나요?"

"아주 혼쭐을 내주려고 했죠. 그런데 하윤이가 조곤조곤 반박
하는 거예요."

"어떻게요?"

"'엄마, 내가 오늘 머리도 아프고 컨디션이 안 좋아서 도저히
숙제할 상황이 아니었어. 그런데 엄마가 전화로 숙제를 했느냐
고 물어보잖아. 그 상황에서 안 했다고 하면 엄마도 기분이 좋지
않을 거 아냐. 그래서 일단 했다고 대답한 거야. 컨디션이 좀 나
아지면 숙제를 해보려고 했는데, 엄마가 올 때까지 나아지지 않
았어. 그래서 아직 못 한 거야. 거짓말한 건 미안한데, 나도 어쩔
수 없었어. 오늘 숙제는 내일모레까지 해놓을게. 괜찮지?'"

어머니는 자기편을 들어달라는 듯 저를 뚫어지게 쳐다보았습
니다. 하지만 저는 동의하는 대신 어머니에게 재차 물었습니다.

"그 상황에서 어떤 생각이 드셨어요?"

"무슨 생각이 들어요? 괘씸했죠. 평소 같으면 신나게 혼냈을
텐데, 하윤이가 자기변호를 어찌나 청산유수로 하는지, 말문이

턱 막혀버렸어요. 그래서 그냥 넘어가긴 했는데……. 하윤이가 갈수록 잔머리만 늘고, 숙제하기 싫어서 핑계를 대는 것 같은데, 어쩌면 좋아요?"

상담을 하다보면 부모가 아이의 두뇌 변화를 눈치채지 못해서 문제를 키우는 경우를 종종 목격합니다. 이 경우도 그렇습니다. 하윤이는 이전과는 사뭇 다른 전두엽 발달 과정을 보이고 있었지만 어머니는 그런 변화를 전혀 알아차리지 못했지요.

현대 의학이 발달했다지만, 아직까지 아이들의 뇌 속 풍경을 정확하게 읽을 수 있는 방법은 없습니다. 하지만 아이들의 말과 행동을 잘 관찰해보면 뇌의 변화를 알아차릴 수 있습니다. 아무리 잔소리를 해도 뇌가 변화하지 않으면 아이들의 말과 행동은 비슷한 패턴을 반복할 뿐이지만, 어느 날 뇌의 변화가 나타나기 시작할 때 지금까지 하지 않았던 말을 표현하고 행동합니다.

이 대목에서는 하윤이가 거짓말을 했다는 것을 차치하고, 하윤이의 행동을 짚어볼 필요가 있습니다. '엄마 기분이 나빠질까 봐 숙제를 했다고 말했다'는 대목에서 우리는 하윤이가 상대방의 감정을 이해하고 상대의 입장에서 사고하고 있음을 짐작할 수 있습니다. 숙제를 다 끝내놓기를 바라는 엄마의 기대를 알고 있고, 그 기대가 충족되지 않았을 때 엄마의 감정과 기분이 어떨지 아이는 예측한 것이지요. 그러니 엄마의 기분을 상하게 하고 싶지 않아서 전화상으로는 숙제를 했다고 말한 것입니다. 이러한 사고와 행동은 논리적으로 옳고 그름을 따지는 인지 기능보다 더 고차원적인 능력입니다.

게다가 하윤이는 끝까지 거짓말로 일관하지 않았습니다. 엄마가 집에 돌아왔을 때는 자신이 왜 그렇게 말할 수밖에 없었는지 솔직하게 밝히고, 엄마를 설득했습니다. 이 상황에서 부모가 읽어야 하는 것은 아이가 거짓말을 했느냐 하지 않았느냐 하는 1차원적인 사실관계가 아닙니다. 아이가 자신의 상황과 상대의 감정을 정확하게 인지하고, 그 상황에서 자기 의사를 표현할 힘이 생겼다는 사실을 알아차려야 합니다.

더 나아가 하윤이는 자신이 그날 하지 못한 숙제를 내일모레까지 하겠다고 대안까지 제시했습니다. 문제를 파악하고 계획을 세우는 것은 인간의 가장 고차원적인 기능인 전두엽이 관장하는 일입니다. 전두엽은 두뇌 영역 중에서 가장 늦게 발달하는 부위인데, 이 아이는 벌써 대인관계에서 인간의 가장 고차원적인 뇌의 기능을 쓰고 있는 것입니다.

물론 아이가 스스로 한 약속을 지키는지 혹은 그 상황을 모면하기 위해 일단 자기 합리화를 한 것인지는 나중에 따로 확인해야 할 부분입니다. 그러나 그와는 별개로 이러한 사고 작용이 아이의 뇌에서 일어나고 있다는 사실은 대단히 고무적입니다. 이러한 뇌의 변화를 세심하게 짚어보지도 않고 단순히 드러난 행동만으로 아이를 혼내는 것은 경솔한 일이 될 수 있습니다.

아이의 인지 발달에는 단계가 있습니다. 그저 말을 많이 들어 줘야 하는 시기가 있고, 진지하게 대화를 나누면서 아이의 인지 발달을 도와야 하는 시기도 있습니다. 만약 부모가 아이의 두뇌 성장 단계를 제대로 알고 있지 않으면 아이의 긍정적인 뇌 발달 변화를 오히려 문제로 인식하고 제지할 수 있습니다. 아이들의 인지가 제때 활짝 꽃필 수 있도록 부모가 아이의 뇌를 이해하고 적절한 때에 적절한 대응을 해주어야 합니다.

병명의 프레임에
같히지 말 것

치료를 받고 있던 중학생 준후 어머니와 상담할 때 있었던 일입니다. 준후는 중학생이 되도록 인지 발달이 지연되고, 자폐가 있는 아이였습니다.

"선생님, 요즘 우리 준후가 이상해졌어요. 지난주에 준후가 제 말을 안 듣길래 방에서 나가라고 했더니 글쎄, 애가 어떻게 한 줄 아세요? 싫다고 대들면서 소리를 지르는 거예요!"

평소에 빨래를 개거나 쓰레기를 버리고 오라는 엄마의 지시를 군말 없이 잘 따르던 아이였는데, 요즘 들어서 시켜도 자꾸 안 하려고 하고, 급기야 얼마 전에는 엄마가 화가 나서 방에서 나가라고 혼냈더니 아이가 큰 소리를 내며 대들었다는 겁니다. 중학생이 될 때까지 한 번도 보인 적 없던 행동에 어머니가 흥분해서 말했습니다.

"분명히 아이가 싫다고 말했다는 거죠?"

제가 되물었습니다.

"그렇다니까요. 태어나서 한 번도 제 말을 거역해본 적이 없는 아이예요. 자폐 성향이 있기는 하지만 얼마나 착하고 순한 아이인데요. 뭐든지 시키면 지금까지 싫다는 표현 한번 없이 다 해오던 아이였는데, 그런 아이가 갑자기 성격까지 난폭해지는 것 같아서 걱정이에요."

어머니의 말이 끝나기도 전에 제가 답했습니다.

"그것 참 잘됐네요!"

어머니는 이해가 안 된다는 표정을 지었습니다.

"준후의 두뇌가 변화하고 있다는 좋은 소식입니다. 자기만의 세상에 갇혀 있던 두뇌가 조금씩 열리면서 '좋다' '싫다' 하는 자기표현이 나오기 시작하는 거죠. 이제 준후가 조금씩 세상과 소통을 시작했다고 보면 됩니다."

어머니는 준후의 변화에 적잖이 당황한 듯했지만, 이것이 아이의 두뇌가 성장통을 겪고 있는 과정임을 아는 저는 오히려 기뻤습니다. 어머니가 안심할 수 있도록 아이의 두뇌 속에서 자기의 생각이 독립적으로 만들어지고 있는 긍정적인 신호임을 설명해드렸습니다.

자폐와 같은 발달장애를 가지고 있는 아이들의 경우, 두뇌의 긍정적 변화가 결과로 드러나는 데는 시간이 많이 필요합니다. 그러다보니 저는 아이들의 성장 변화를 알려주는 이러한 소식을 들으면 너무 반갑고 기쁩니다. 마치 긴 겨울을 견디며 움트는 싹을 목격한 기분입니다. 하지만 부모 입장에서는 사춘기처럼 겪는 성장통의 과정이 낯설고 벅차게 느껴질 수 있죠.

"우리 아이는 참 순하고 착해요"라고 말하는 부모들을 흔히 만날 수 있습니다. 부모 입장에서는 아이를 칭찬하는 말이겠지만, 두뇌 발달의 관점에서는 그리 좋게 들리지만은 않는 말입니다. 한창 자라는 아이가 의사 표현을 하지 않고 궁금한 것도 별로 없다면 두뇌가 활발하게 작동하고 있지 않다는 증거니까요. 아이가 순종적이면 부모가 키우기에는 편하겠지만, 아이가 커서 스스로 세상을 살아가기 위해서는 반드시 좋은 것만은 아닙니다.

두뇌가 한창 발달해야 하는 시기의 아이는 어느 정도는 말도 많고 행동도 활발해야 합니다. 그러다 미운 일곱 살이나 사춘기처럼 말도 잘 안 듣고 반항하는 시기도 거쳐야 합니다. 그 과정을 거치면서 아이들의 두뇌는 성장합니다. 제가 치료해왔던 많은 아이들도 모두 이러한 과정을 거쳐서 두뇌가 발달하고 좋아졌습니다.

어느 날 갑자기 아이의 머릿속에서 자기주장이 강하게 올라오기 시작합니다. 하지만 아이는 이런 자기주장을 어떻게 표현해야 할지 아직 잘 모르는 상태입니다. 처음에는 거칠고 반항적인 표현으로 자기주장을 하지만, 시간이 지나면서 자신의 의견을 표현하는 방식도 세련되어집니다. 그러니 부모님들은 어느 날 갑자기 아이가 대들고 반항한다고 해서 버릇을 잡겠다며 무조건 엄하게 혼내는 것은 지양해야 합니다.

아이들을 진단할 때 문제 증상에만 초점을 맞추는 경우가 많습니다. 아이가 화를 많이 내면 분노조절장애, 집중하지 못하면 주의력 결핍장애, 책을 읽지 못하면 난독증이라고 진단하는 식이지요.

하지만 증상에 병명을 붙인다고 해서 아이의 근본적인 문제가 해결되는 것은 아닙니다. 뇌의 문제는 더욱 그렇습니다. 겉으로 보기에는 다 다른 증상으로 발현된다고 해도 결국 모든 증상의 원인은 뇌의 불균형에서 비롯되는 것입니다. 뿌리가 튼튼하지 못한데 열매가 잘 열릴 수 없듯, 뇌 불균형이 시작된 지점부터 채워주지 않으면 아이의 증상을 개선하기 어렵습니다.

많은 부모가 겉으로 드러난 아이의 증상에 집착하느라 정작 아이의 상태를 간과하는 경향이 있습니다. 증상만 보고 불안하니까 아이에게 윽박지르거나 서둘러 문제를 해결하려고 전문가를 찾아갑니다. 이 병원에서 저 병원으로, 이 기관에서 저 기관으로 아이를 데리고 다니다보면 어디서는 난독증, 어디서는 ADHD라고 합니다. 경우에 따라 병명이 하나씩 더 추가되기도 합니다. 하지만 가는 곳마다 설명이 다르고 중요하게 여기는 기준이 다르니, 어느 말이 맞는지 헷갈립니다. 게다가 병명을 알았다고 해서 증상이 싹 치료되는 것도 아닙니다.

특히 아이가 인지 발달이나 학습 능력 발달에 어려움을 겪고 있다면 더욱 주의해야 할 점이 있습니다. 인지 발달이나 학습 능력은 두뇌의 가장 고차원적인 영역과 관련돼 있습니다. 그러니 그 부분에만 초점을 맞춘다고 해서 문제가 해결되지 않을 수 있습니다. 초등 수학의 기초가 안 된 아이에게 고등 수학을 바로 가르칠 수 없고, 초등 과정부터 순차적으로 가르쳐야 하는 것처럼, 인지 발달이나 학습 능력을 깨워주기 위해서는 그보다 더 본질적인 기초 영역을 다져줘야 합니다. 즉, 두뇌의 고차원적인 기능이 발현되려면 그보다 아래 단계의 기능들이 차근차근 성장해야 하는 것이지요.

결국 인지 발달은 두뇌 발달 단계에 따라 아이에게 부족한 부분을 차근차근 채워나가지 않으면 근원적으로 치료하기 어렵습니다. 그만큼 시간도 오래 걸리고 인내심이 필요한 작업임을 기억해야 합니다.

☑ 체크 리스트 : 경계선 지능장애

경계선 지능이란 지능지수가 70~84 사이에 해당하는 경우를 말합니다. 지능지수 70 이하는 지적장애로 분류하나, 경계선 지능의 경우는 별도의 질병으로 분류하고 있지는 않습니다. 하지만 평균보다 인지 능력이 낮아서 학습이나 대인관계에 어려움을 겪을 수 있습니다.

전체 인구의 13.6퍼센트 정도가 경계선 지능장애에 해당합니다. 하지만 아이의 문제를 인식하기가 어렵고, 단순히 공부에 대한 의지가 부족하다거나 공부 습관이 안 잡혔다는 식으로 오해하는 경우가 많습니다. 다음의 체크 리스트 항목에 5개 이상 해당한다면 경계선 지능장애를 의심해보는 것이 좋습니다.

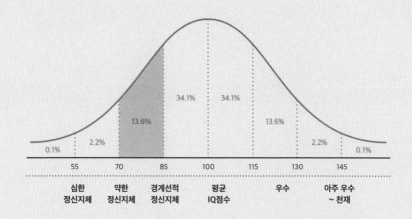

경계선 지능장애 체크 리스트	
또래에 비해 정신연령이 낮고 순진하다.	
글자, 단어를 여러 번 가르쳐줘도 잘 익히지 못한다.	
본인의 생각을 말과 글로 표현하는 데 어려움이 있다.	
새로운 것을 잘 받아들이지 못하고 익숙한 것만 찾는 경향이 있다.	
설명을 해줘도 이해력이 떨어지는 편이다.	
책 읽기를 유난히 어려워한다.	
몸의 움직임이 부자연스럽고 다른 사람을 잘 따라 하지 못한다.	
분위기 파악을 잘 못 하고 눈치가 없다.	
고집이 너무 세고 융통성이 없다.	
또래보다는 어린아이들과 잘 어울린다.	
어릴 때 좋아하던 물건에 계속 집착한다.	
문제가 조금만 어려워져도 힘들어한다.	
어렸을 때 언어나 인지 발달이 늦었다.	

■ 1~2개 : 크게 걱정할 수준은 아니지만 주의 필요

일시적인 발달 편차나 환경적 요인일 수 있습니다. 다만 반복적으로 비슷한 어려움이 지속된다면 정기적으로 아이의 학습과 대인관계를 관찰하고 기록해두는 것이 좋습니다. 경미한 인지 지연이나 학습 편차는 조기 개입으로 좋아질 수 있습니다.

■ 3~4개 : 두뇌 발달이 다소 늦은 편

두뇌 발달 속도가 다소 늦어서 인지 처리 속도, 언어와 사회성 발달에 어려움이 있을 수 있습니다. 낯선 상황에 대한 적응이 어렵고, 반복적인 설명에도 이해가 부족할 수 있으며 또래 관계에서 어려움을 겪을 가능성도 존재합니다. 아이의 발달 정도에 맞도록 교육적 접근을 할 필요가 있습니다.

■ 5개 이상 : 경계선 지능장애 가능성 의심

이 수준에서는 일상생활, 학업, 사회적 관계 전반에 어려움이 뚜렷하게 나타날 수 있습니다. 설명을 들어도 이해하지 못하고, 문제 상황에 대한 대처력이 부족하며, 표현력이나 감정 조절도 미숙할 수 있습니다. 주변에서는 단순한 고집, 게으름, 사회성 부족으로 오해할 수 있지만 아이는 스스로의 어려움을 인식하지 못한 채 반복적으로 좌절감을 겪고 있을 가능성이 높습니다. 정확한 검사와 함께 두뇌 발달을 위한 적극적인 개입이 필요합니다.

6장

두뇌의 역습 III
틱장애

뇌가 약하고
예민한 아이들의 질환

틱장애는 자신의 의지와 상관없이 몸을 움직이거나 소리를 내
는 증상입니다. 눈을 깜빡거리거나 머리를 흔들고 어깨를 움찔
거리는 경우를 '운동 틱'이라고 하고, 쿵쿵거리는 소리나 기침 소
리 등을 반복하는 경우를 '음성 틱'이라고 합니다. 단순한 동작이
나 음성이 반복되는 '단순형'과 여러 가지 동작이나 음성이 복잡
하게 나타나는 '복합형'이 있습니다.

틱장애는 처음에는 눈 깜빡임이나 코를 쿵쿵거림, 기침 소리
등으로 시작하는 경우가 많아서 안과 질환이나 이비인후과 질환
과 헷갈리는 경우가 많습니다. 하지만 신체에 다른 문제가 없는

데도 불구하고 특정한 동작을 자꾸 반복하는 경우라면 틱장애가 아닌지 의심해볼 필요가 있습니다.

틱장애는 처음에는 증상이 나타났다가 사라졌다를 반복하기도 하고, 한 증상이 사라지면서 다른 증상으로 바뀌어 나타나기도 합니다. 하지만 틱 증상이 점차 심해져서 운동 틱과 음성 틱이 동시에 또는 교대로 악화되거나 완화되기를 반복하면서 1년 이상 지속되는 경우를 '뚜렛 증후군'이라고 합니다.

운동 틱 근육을 움직이는 동작이 자꾸 반복되는 경우	음성 틱 음성을 조절하는 동작의 오류가 반복되는 경우
· 눈 깜빡임, 눈동자 돌리기	· 음음 하는 소리 내기
· 코 찡긋, 코 훌쩍거림, 냄새 맡기	· 헛기침
· 얼굴 찡그리기, 입 벌리기	· 코를 들이마시는 소리
· 머리 흔들기, 고개 빼기	· 기합 소리, 하이톤의 소리
· 목 꺾기, 어깨 으쓱거리기, 팔 털기	· 딸꾹질 같은 소리
· 배 꿀렁거림, 몸 튕기기	· 말하는 중 억양이 튐
· 엉덩이 힘주기, 낀 바지 빼기, 성기 만지기	· 다른 사람의 말 따라 하기
· 걷다가 점프, 이상 보행	· 상황에 안 맞는 단어나 음절을 반복하기
· 욱하는 손동작	· 욕설이나 외설적인 단어 말하기

틱장애는 일반적으로 5~7세 사이에 시작하는 경우가 가장 많

습니다. 가벼운 틱 증상은 치료하지 않고 지켜봐도 사라지는 경우가 있지만, 증상이 사라졌다가 나타나기를 반복하거나, 빈도나 강도가 높아진다면 치료를 고려하는 것이 좋습니다. 최근에는 틱장애가 점차 증가하여 초등학생 때 틱을 경험한 아이들이 12퍼센트 이상으로 늘어났으며, 성인까지 틱장애가 사라지지 않고 남는 비율이 15퍼센트가 넘었습니다. 틱장애 아동은 성장하면서 ADHD, 강박증, 불안장애 등 문제를 동반하는 경우가 많기 때문에 반드시 내재된 뇌 불균형의 문제를 근본적으로 개선해야 합니다.

틱장애는 나타나는 증상이 사람마다 모두 다르고, 증상이 다른 양상으로 바뀌기도 하고, 사라졌다가 다시 나타나기를 반복하기도 합니다. 또한 치료 경과와 예후도 제각각입니다. 때문에 틱을 가지고 있는 아이와 부모뿐만 아니라 치료를 담당하는 전문가조차도 헷갈리고 설명하기 참 어려운 질환입니다.

뇌가 힘들다고
보내는 신호

어느 날 제 딸아이에게 틱장애가 나타났습니다. 많은 틱장애를 치료해왔지만, 막상 제 아이에게 틱이 나타나니 혹시라도 잘 치료되지 않으면 어떡하나 하는 불안과 걱정이 가득했습니다. 아이의 틱 증상을 지켜보는 부모의 마음은 하루가 한 달처럼, 아니 1년처럼 느껴졌습니다. 틱에 대해서 누구보다 많은 연구를 해왔던 저조차 아이의 틱을 바라보는 마음이 이렇게 불안한데, 일반적인 부모님들의 불안감은 오죽할까 싶었지요.

아빠의 마음으로는 하루라도 빨리 아이의 증상을 멈춰주고 싶었지만, 의사로서 해줄 수 있는 것은 하루하루 꾸준하게 뇌 균형 발달을 도와주는 것이었습니다.

딸아이를 치료하기 위해 밤마다 아이의 머리와 몸을 만지면서 두뇌와 척추의 리듬을 체크하고, 그에 맞는 한약 처방과 뇌 교정법, 그리고 신경학적 훈련과 뇌 발달 식단을 지속했습니다. 아이가 좋아지기까지는 1년 이상의 많은 기다림과 인내의 시간이 필요했지만, 결국 틱장애는 모두 사라졌고 아이는 지금까지 건강하게 잘 자라주고 있습니다.

딸아이를 치료하면서 틱 증상과 신경과의 관계를 확인할 수 있었습니다. 신경의 흐름이 좋아지면 틱 증상이 줄어드는 것 같다가도 어느 날 다시 신경의 흐름이 안 좋아지면 틱 증상이 심해지곤 했습니다. 그러면서 신경의 균형이 깨져 있는 쪽으로 틱 증상이 나타난다는 사실도 깨달았습니다. 생활 속에서 별것 아닌 자세나 습관도 틱 증상을 증가시킬 수 있음을 알게 되었죠.

의학 서적에 설명되어 있지 않은 틱이 발생하는 기전도 깨달을 수 있었습니다. 틱 증상은 모두 인체의 신경 경로를 타고 나타나고 있었습니다. 한 가지 원인에 의한 것이 아니고, 전체적인 신경 시스템의 조절이 되지 않아 발생하고 있었습니다. 결과적으로 틱은 신경의 흐름이 원활하지 않은 불균형 상태를 해결하기 위해 뇌가 보내는 보상 기전입니다. '이곳에 신경 흐름이 막혀서 답답하고 불편하니까 이런저런 움직임을 통해서 해결해줘'라고 뇌가 보내는 신호인 거죠.

예를 들어 허리가 안 좋은 사람이 불편한 자세로 오래 앉아 있다보면 허리 쪽에 신경 흐름이 정체되면서 답답하고 불편한 느낌이 생길 것입니다. 그러면 이 불편감을 해소하기 위해서 허리를 스트레칭하거나 두드릴 것이고, 이를 통해 신경의 흐름이 원활해지면 불편감이 사라집니다. 만약 눈 안쪽에서 신경 흐름이 정체되면 눈을 깜빡여서 그 답답함을 해결하고 싶을 것이고, 목 안쪽의 신경 흐름이 정체되면 기침을 해서 그 답답함을 해결하고 싶어지겠죠.

틱 환자들은 뇌 불균형으로 인해 신경의 흐름이 막히는 상황이 반복적으로 발생합니다. 이를 해소하기 위해 운동 틱이나 음성 틱 같은 동작을 반복하는 것입니다. 최근의 뇌 과학에서는 이러한 현상을 '전조 충동(premonitory urge)'이라 부릅니다.

틱장애는 심리적인 문제로 인해 유발된다고 잘못 인식되기도 하지만, 분명 뇌의 문제로 인해 발생하는 질환입니다. 성장기에 뇌의 우성 영역과 열성 영역의 편차가 심해지면 뇌 불균형의 문제가 발생하는데, 이때 운동과 감각을 조절하는 신경에 오류가 발생하면서 틱 증상이 나타납니다. 그래서 틱 증상 자체를 억제하는 것은 근본적인 치료 방향이 될 수 없습니다. 틱장애를 근본적으로 치료하기 위해서는 뇌의 약한 부분을 찾아 강화하면서 균형 있는 발달을 도와야 합니다. 사람마다 뇌의 불균형 요인이 다르다보니 뇌 발달 한약, 뇌 균형 교정 요법, 신경학적 균형 훈련, 뇌 발달 식이 요법 등 각각에 따른 적절한 치료 방법이 적용되어야 합니다.

틱장애가
늘어나는 이유

제가 틱 환자를 처음 만났던 당시만 해도 일반 사람들은 '틱장애'라는 병명을 잘 알지도 못했습니다. 인터넷에서도 틱에 대한 제대로 된 정보가 없었을 뿐만 아니라, 틱장애를 치료하는 의사로 제가 유일하게 검색되기도 했었죠. 그만큼 틱장애는 생소한 질환이었습니다.

하지만 지난 20년간 틱 환자들을 치료해오면서 그 양상이 많이 바뀌었습니다. 틱을 겪는 아이들은 꾸준히 늘어왔고, 특히 최근 10여 년 사이에 두 배 이상 폭발적으로 증가하였습니다. 그래서 지금은 대부분의 사람이 '틱'이라는 병명을 한 번쯤 들어서 알고 있죠. 드라마나 영화에서도 종종 다뤄지고요. 학구열이 높은 지역 엄마들 사이에는 '아이들에게 틱이 안 올 정도까지 공부를 시켜라'라는 말이 오간다고 합니다. 그만큼 틱 증상이 흔해졌다는 말이지요.

이렇게 틱 증상이 부쩍 늘어난 이유는 아이들의 뇌를 과도하게 자극하는 성장 환경의 변화 때문입니다. 요즘은 식당에서 식사할 때 부모가 아이들에게 영상을 보여주는 모습을 자주 볼 수 있습니다. 그뿐만 아니라 커가면서 스마트폰과 게임, 유튜브 등 뇌를 자극하는 매체에 지속적으로 노출되는 시대에 살고 있습니다. 부모 세대와는 비교할 수 없을 정도로 많은 정보와 자극에 뇌가 노출되고 있는 것이지요.

제가 20여 년간 틱장애를 관찰해왔던 바로는 초등학생 시기부터 스마트폰을 사용하는 게 일반화되면서부터 틱 발생률이 급격히 증가했고, 치료도 훨씬 복잡하고 어려워졌습니다.

교육 환경 또한 거론하지 않을 수 없습니다. 요즘 아이들은 조기교육을 받지 않는 경우가 드뭅니다. 뇌 발달 단계에 맞지 않는 조기교육은 아이들의 뇌에 부담을 주면서 오히려 다양한 신경질환을 초래합니다. 틱도 그러한 증상 중 하나입니다. 특히 코로나 이후 학교 수업에서조차 영상과 스마트 기기를 활용한 학습이 증가하였고, 집에서 하는 학습지도 패드를 사용하거나 학원도 온라인 학습을 병행하는 경우가 늘었습니다. 그러면서 아이들의 뇌는 공부할 때도 놀 때도 지속적으로 온라인 매체를 통한 과도한 자극에 노출되고 있습니다. 요즘의 성장 환경은 신경이 약하고 예민한 아이들에게 치명적으로 작용하여 다양한 뇌 불균형의 문제를 만들고 있습니다. 아이들의 뇌는 이미 새로운 정보를 받아들이고, 다양한 자극에 반응하느라 쉴 틈이 없습니다. 옛날 같으면 일시적으로 강한 자극을 받아 스트레스로 틱 증상이 올라왔다가도 크면서 사라질 수 있었지만, 요즘은 환경 자체가 신경이 약한 아이들이 견디기에 치명적입니다.

아이들의 뇌는 싫든 좋든 이런 자극들을 소화하느라 지쳐 있습니다. 수많은 자극을 감당하느라 지친 뇌는 이상 반응을 보이기 시작하는데, 틱은 그런 뇌가 보내는 경계 신호인 셈입니다. 환경의 변화는 치료 예후와 결과에도 영향을 미쳤습니다. 예전 같았으면 쉽게 치료가 되었을 아이들도 요즘은 치료에 더 많은 시간이 필요하고, 치료가 종결된 이후에도 다시 틱 증상이 올라와 병원을 찾는 빈도가 잦아졌습니다.

하지만 전문가들조차 이런 환경 변화를 알아차리지 못하고 예전의 통계와 의학적 기준에 의존해 '틱은 아이가 크면서 자연스럽게 좋아진다'라고 무책임하게 이야기하는 경우가 많습니다.
틱 전문가라면 아이마다 나타나는 틱 증상이 크면서 사라질 수
있는 가벼운 경우인지, 아니면 점차 심해질 수 있는 심각한 경우
인지를 구분해서 설명해줄 수 있어야 하겠지요.

틱에 관한
몇 가지 오해들

틱장애 상담을 하다보면 부모님들이 틱이라는 질환을 잘못 이해하고 있는 부분이 많다는 사실을 자주 느낍니다. 아직까지 틱에 대한 의료적 연구 성과가 충분하지 않다보니 인터넷이나 여러 사람을 통해 듣는 정보가 정확하지 않은 것입니다.

틱장애는 치료하지 않아도 크면서 자연스럽게 사라진다, 부모가 심리적으로 편안하게 해주면 나아진다, 본인이 노력만 하면 의지로 충분히 조절할 수 있다는 등의 이야기가 대표적입니다. 이런 오해 때문에 적절히 대처하지 못하고 치료 시기를 놓치는 경우가 많기에, 틱에 대한 오해를 짚고 넘어가도록 하겠습니다.

1. 틱은 스트레스로 인한 심리 질환이다?

틱장애가 단순히 심리적 스트레스에 의해 발생한다고 생각하는 경우가 많습니다. 그래서 틱 증상이 처음 나타났을 때 심리 치료나 미술 치료를 진행하기도 합니다. 하지만 틱장애는 심리 질환이 아니고 신경계 질환입니다. 틱 증상이 스트레스를 받으면 증가하는 경향이 있는 것은 사실이지만, 이것은 신경계가 심리적인 요소에 민감하게 반응하기 때문입니다.

흔히 우리가 알고 있는 세균성·바이러스성 질환들은 병의 원인이 외부에서 유입되어 발생합니다. 이러한 질환은 병의 원인이 확실하기에 치료 방법도 명확하고 병의 시작과 끝도 분명합니다. 하지만 틱의 경우 신경의 문제로 인해 발생되므로 원인도 단순하지 않고, 증상도 나타났다 사라지기를 반복하기 때문에 완치 기준도 애매합니다.

"원장님, 아이한테 특별히 스트레스를 준 적도 없는데 왜 틱이 왔는지 모르겠어요."

부모들 중에는 이렇게 하소연하는 분들이 있습니다. 틱이 심리적인 스트레스가 있는 아이들에게만 나타나는 증상이라고 오해하기 때문에 나오는 질문입니다. 하지만 오해와 달리 틱은 심리적 스트레스가 없어도 나타날 수 있습니다. 틱이 있는 아이들

중에는 공부도 잘하고 심리적으로 안정적인 경우도 있고, 부모가 아이에게 스트레스를 전혀 주지 않는 경우도 있습니다.

일시적으로 나타나는 가벼운 틱 증상은 단순히 심리적 스트레스로 인한 경우도 있겠지만, 틱 증상이 심한 경우는 환경 상의 과도한 신경 자극이 신경계를 약하고 예민하게 만들기 때문인 경우가 많습니다. 따라서 틱을 치료할 때 심리적 스트레스도 줄여주어야 하겠지만, 신경계의 이상을 바로잡는 치료가 반드시 병행되어야 합니다.

2. 틱은 의지로 조절이 가능하다?

틱장애에 대한 또 다른 오해는 틱으로 인한 이상 행동이 의지로 충분히 극복 가능하다고 믿는 것입니다. 아이가 자꾸 눈을 깜빡이거나 얼굴을 찡그리고 이상한 소리를 내는 것을 지켜보는 것은 부모로서 참 힘든 일입니다. 그래서 참다못해 이렇게 말합니다.

"좀 참아봐. 노력해서 안 되는 게 어딨니?"

주로 어머니보다 아버지들이 이런 태도로 아이들을 다그치는 경우가 많습니다. 틱 증상이 있더라도 의지만 있으면 충분히 참을 수 있는 줄 알기 때문이지요. 그 경우 저는 이렇게 말합니다.

"아버님, 딸꾹질을 참을 수 있나요? 아무리 의지를 갖고 노력한다고 딸꾹질을 참을 수 없는 것처럼 틱도 마찬가지입니다."

딸꾹질이 날 때 참으려고 할수록 더 심해집니다. 딸꾹질이 나오는 것을 막으면 그 반작용으로 몸 전체가 들썩이지요. 틱도 마찬가지입니다. 참는다고 참아지는 게 아니고 참으려고 할수록 오히려 증상이 더 심해질 수 있습니다.

실제로 틱 환자들을 상담해보면, 이상 행동을 반복하고 있다는 사실을 스스로 알지만, 그런 행동을 하지 않으면 안 될 것 같은 설명할 수 없는 불편감을 느낀다고 합니다. 신경이 정체되어 불편함을 느낄 때 그것을 해소하려는 보상 기전으로 이상 행동이 반복되는 것이지요.

물론 부모가 꾸중하면 틱 증상을 일시적으로 참을 수는 있습니다. 하지만 보이지 않는 곳에서 증상이 더 심해집니다. 틱을 숨기거나 감추려고 하면서 불안감이 더 커질 수 있고, 결국 시간이 지날수록 증상이 더 악화될 수 있습니다.

3. 틱은 그냥 두어도 크면서 저절로 낫는다?

틱 질환에 대한 세 번째 오해는 그냥 내버려두어도 성장하면서 저절로 사라진다는 것입니다. 임상적으로 보면, 틱이 가장 흔하게 발생하는 시기는 만 7세 전후이며, 늦더라도 대부분 14세 전에 발병합니다. 여자아이보다 남자아이에게 더 많이 발견되는 증상이기도 합니다.

지금까지의 통계상 아이들이 커가면서 틱 증상이 사라지는 경우가 많기에 의학적으로도 아이들이 크면서 좋아질 수 있다고 설명하고 있기는 합니다. 하지만 자라면서 뇌 불균형이 심화한다면 틱 증상은 더욱 심해집니다. 그러니 막연하게 크면 좋아질 거라고 긍정적으로만 생각할 수 없는 노릇입니다. 특히 요즘 아이들은 스마트폰, 게임, 유튜브처럼 뇌에 과도한 자극을 주는 요소가 넘치는 성장 환경에 노출돼 있다보니, 나이가 들수록 틱 증상이 심해지는 사례가 더 많아지고 있습니다.

초기에 증상이 나타났다 사라지기를 반복하다보니 보호자들은 대부분 크면서 사라질 거라는 기대로 아이의 상태를 지켜보는 경우가 많습니다. 하지만 그런 막연한 기대로 운에 맡기는 것은 어리석은 일입니다. 그러다 치료 시기를 놓치면 증상은 더욱 악화되고 치료도 힘들어질 수 있으니까요. 틱장애뿐 아니라 대부분의 뇌 불균형 문제는 발달이 진행 중인 소아 청소년 시기에 치료를 받는 것이 무엇보다 중요합니다.

증상이 개선되지 않는 데는 반드시 이유가 있다

"원장님, 우리 애가 처음에는 증상이 좀 나아지는 것 같더니 요즘은 그대로예요. 치료 효과가 없는 것 같은데, 어떻게 된 걸까요?"

한동안 호전되던 틱 증상이 더 이상 좋아지지 않는다며 세린이 어머니가 아이를 걱정합니다.

세린이는 목 안에 이물감이 있고 불편해서 자꾸 목을 빼는 행동 틱과 '음, 음' 하는 소리를 반복하는 음성 틱을 동반하고 있었습니다. 치료를 시작하고 2~3개월까지는 치료 효과가 어느 정도 있어서 증상의 30~40퍼센트가 호전되었는데, 치료 4개월째 접어들고 있는 지금은 더 이상 나아지지 않고 답보 상태라는 것이었습니다. 뇌 불균형을 개선하는 치료를 하고 있는데도 효과가 없다면, 거기에는 치료를 방해하고 있는 숨어 있는 요인이 있다는 뜻입니다. 그 요인을 찾아내야 하는 게 의사인 제가 해야 할 일이지요.

틱장애의 경우 생활 습관에서 영향을 받는 요소가 매우 많습니다. 대수롭지 않게 생각하는 행동이라도 매일 반복되는 생활 습관은 신경을 불균형하게 만들 수 있기 때문입니다. 그래서 틱을 치료할 때는 아이마다 가지고 있는 생활 습관을 살피는 것이 매우 중요합니다. 셜록 홈즈가 사건의 단서를 찾아내듯 학교생활, 취미생활, 과외 활동 등 사소한 것까지 빠뜨리지 않고 어머니에게 물어가며 세린이의 생활 패턴을 체크했습니다. 그러다 초기 상담 때 치료를 위해 중단하라고 했던 바이올린 레슨을 계속하고 있다는 사실을 알아냈습니다.

"어머니, 이미 처음 상담에서 아이에게 바이올린이 좋지 않으니 그만두라고 말씀드렸는데, 아직까지 하고 계시면 당연히 증상이 개선되지 않지요. 세린이는 경추와 어깨의 신경 균형이 많이 깨져 있기 때문에 생활 속에서 한쪽만 많이 사용하는 운동이나 활동은 틱 증상을 더 심하게 만들 수 있어요. 특히 바이올린의 경우는 목과 어깨를 한쪽으로 기울이고 긴장한 채로 계속 연주해야 하기 때문에 더욱 틱 증상에 나쁜 영향을 줄 수밖에 없지요."

하지만 어머니는 2년 동안이나 배워온 바이올린을 중단하기가 너무 아깝다며 계속 망설였습니다. 저는 세린이의 치료를 위해서 어쩔 수 없이 어머니의 생각을 강하게 깨뜨려야 했습니다.

"치료를 선택할 것인지 바이올린을 선택할 것인지 결정해야 합니다. 만약 세린이를 치료하길 원한다면 바이올린을 중단해야 합니다. 그렇지 않으면 저희도 치료를 계속하기 어렵습니다. 밑 빠진 독에 물 붓는 것처럼 치료를 해도 계속 틱 증상이 올라올 텐데, 치료한들 무슨 소용이 있겠습니까?"

저는 어머니께 엄중하게 경고를 드렸습니다.

아마 그 어머니는 바이올린 연주가 틱에 좋지 않다는 말을 어디서도 들어보지 못했을 것입니다. 게다가 2년 동안 애써 가르친 바이올린을 중단하기가 쉽지 않았을 겁니다. 하지만 어머니는 결국 아이를 위해 바이올린 레슨을 중단하기로 결정했습니다. 그 후 얼마 지나지 않아 아이의 틱 증상은 거짓말처럼 호전되기 시작했고, 치료를 잘 마무리할 수 있었습니다.

신체의 한쪽 부위를 자주 쓰는 운동이 틱장애에 부정적인 영향을 미친다는 사실은 제가 환자들을 치료하며 쌓은 노하우 중 하나입니다. 수천 건의 임상을 거치며 관찰한 결과, 몸의 한쪽을 과도하게 사용하는 운동이나 연주, 생활 습관은 틱 증상을 악화시키는 '숨어 있는 원인'이었습니다.

외부 환경의 자극에
주의할 것

    틱 증상이 있는 아이들은 신경이 약하고 예민하기 때문에 환경 변화나 감정 변화에 많은 영향을 받습니다. 학년이 바뀌거나 새로운 학원에 다니는 경우처럼 환경이 변화될 때도 틱 증상이 올라올 수 있습니다. 또 엄마에게 혼나거나 발표회에서 긴장하는 경우처럼 감정이 변화될 때도 틱 증상이 올라옵니다. 특히 새 학기가 되면 저는 항상 긴장합니다. 틱을 치료하는 아이들의 증상이 평소보다 증가하기 때문입니다. 이사를 가거나 전학을 가는 경우, 새로운 학원에 다니기 시작하거나 운동을 배우기 시작하는 경우도 증상이 심해집니다.

우리 뇌는 새로운 환경에 적응하고 익숙해지기까지 긴장과 탐색을 위해 많은 에너지를 소모하기에 아무래도 틱이 있는 아이들에게 새로운 환경의 변화는 좋지 않은 영향을 줄 수 있습니다. 보통 스트레스가 틱에 좋지 않은 줄은 잘 알지만, 아이들이 지나치게 흥분할 수 있는 즐거운 상황도 틱에 좋지 않을 수 있다는 사실을 아는 사람은 많지 않습니다. 틱을 심리 질환으로 생각하고 심리적 스트레스를 풀어주기 위해 일부러 친구들과 자주 놀게 해주고, 주말에 놀이동산을 데리고 다니고, 여행도 자주 다니는데 오히려 틱 증상이 점점 심해지는 경우가 있습니다. 물론 스트레스를 해소할 정도의 즐거운 놀이는 심리적으로 도움이 될 수 있지만, 즐거움도 과하면 문제가 됩니다. 그럴 때 뇌는 지나치게 흥분하고 각성되어 부담을 받고 틱 증상이 증가하기도 합니다.

귀신이나 유령이 나오는 무서운 이야기를 듣거나 영상물을 보는 것도 뇌의 공포감을 과도하게 자극할 수 있습니다. 스마트폰을 많이 사용하거나 게임과 유튜브에 장시간 노출되는 것도 모두 뇌를 지나치게 흥분시켜 아이들의 뇌 불균형을 심화할 수 있으니 주의가 필요합니다. 틱을 겪고 있는 아이들뿐 아니라 예민하거나 산만한 뇌 불균형이 의심이 되는 아이들의 경우는 이런 환경적 요소와 정서적 요소를 잘 살펴줄 필요가 있습니다.

준혁이가 틱장애 때문에 내원했습니다. 1년 전에 눈 깜박임이 처음 나타났을 때는 한 달 안에 금방 사라져 치료를 종료했었습니다. 이번에 다시 틱 증상이 나타났는데 눈 깜빡임뿐만 아니라 목을 자꾸 꺾는 증상과 음성 틱까지 나왔다며 어떻게 해야 할지 모르겠다고 한의원에 찾아온 것이었습니다.

준혁이는 3개월째 소아정신과에서 치료를 받고 있다고 합니다. 의사 선생님의 권유대로 스트레스를 주지 않고 아이가 원하는 대로 해주면서 모든 것을 맞춰주고 있는데도 틱 증상이 계속 심해지고 있다고 했습니다. 아버지는 틈날 때마다 아이가 좋아하는 야구를 같이 해주고, 주말이면 가족끼리 캠핑을 다니면서 최대한 노력하고 있는데도 불구하고 왜 틱이 오히려 심해지는 것인지 이해가 가지 않는다며 불안해했습니다.

뇌 불균형 검사를 통해 분석해보니 준혁이는 경추와 어깨 쪽의 불균형이 심한 편이었고, 흥분충동형으로 즐거운 자극에 대해서 유독 과민하게 반응하는 경우였습니다. 이런 아이를 원하는 대로 계속 놀게 해주고 매주 캠핑을 데려가다보니 준혁의 뇌는 과도한 흥분 상태가 지속되고 있었습니다. 또한 경추와 어깨의 불균형이 있는데 야구를 하면서 한쪽 팔로 공을 던지는 동작을 반복하다보니 목 쪽의 불균형이 심해지면서 목을 움직이고 소리를 내는 틱 증상이 자꾸 심해지고 있었던 겁니다.

"맞아요, 원장님. 준혁이 틱 증상이 야구를 하거나 캠핑을 갈 때마다 심해지는 것 같아서 이상하다고 느꼈어요."

소아정신과 의사 선생님에게 그 점을 물어봤는데, 운동이나 여행으로 아이의 스트레스를 풀어주는 건 당연히 좋다는 대답이 돌아왔다고 합니다. 그래서 힘들어도 아이를 위해 최선을 다했다고요. 그런데 아이를 위한 노력이 오히려 틱을 악화시켰다는 사실에 부모님은 허무한 표정을 감추지 못했습니다.

준혁이는 뇌 불균형을 개선해주면서 야구와 캠핑을 중단하고 차분하게 일상을 보낼 수 있도록 생활을 조율했더니 어렵지 않게 틱 증상을 개선할 수 있었습니다.

이처럼 틱장애는 신경계 질환으로 외부 환경의 자극에 민감하게 영향을 받기 때문에, 심리적인 요인만으로는 해설할 수 없는 부분이 많습니다.

☑ 체크 리스트 : 뇌 발달을 방해하는 신체 증상들

1. 잠드는 데 시간이 너무 오래 걸려요

수면은 아이들의 발달 과정에서 매우 중요합니다. 수면의 질이 떨어지면 신체 발달이든 두뇌 발달이든 좋지 않은 영향을 받습니다. 성장기 아이가 수면 문제를 계속해서 겪고 있다면 큰 문제입니다. 잠드는 데 시간이 너무 오래 걸리거나 자다가 자주 깨는 것은 뇌가 각성 상태에서 수면 상태로 쉽게 전환되지 않는 것입니다. 낮에 긴장도나 불안도가 높은 아이들은 밤에 악몽을 자주 꾸거나 잠꼬대를 심하게 합니다. 두개골과 턱관절의 구조적 불균형이 있는 경우 코골이나 이갈이가 지속되어 수면의 질을 떨어뜨리기도 합니다. 허약하고 예민한 아이들의 건강 문제를 해결하려면 수면 문제를 최우선으로 해결해야 합니다.

2. 1년 내내 비염을 달고 살아요

아이가 걸핏하면 감기에 걸리고, 1년 내내 비염을 달고 산다면 면역 조절에 문제가 있는 것입니다. 뇌에서 면역을 조절하는 시스템이 약하거나 과민하면 감기, 비염, 알레르기, 천식, 아토피 등의 문제를 겪습니다. 두개골, 경추의 불균형은 만성비염이나 아데노이드 비대를 만들기도 하고, 흉곽의 불균형은 면역을 담당하는 림프의 흐름을 방해하여 알레르기나 천식 등을 일으키기도 합니다. 면역력이 약해서 자주 아프다보면 성장에 쓰여야 할 에너지가 손실될 수밖에 없어서 성장 발달에 좋지 않습니다. 또한 자주 아프다보니 신경이 예민해져서 짜증이 많아지고 집중력도 약해집니다. 성장기에 면역 질환을 지속적으로 겪으면 뇌 불균형 문제가 심화될 수 있으니 주의가 필요합니다.

3. 밥을 잘 안 먹고 배가 자주 아프대요

아이들은 밥을 너무 안 먹어도 걱정이고, 너무 많이 먹어도 걱정입니다. 신경이 예민하고 긴장, 불안도가 높은 아이들은 위장관의 운동성이 약해져 식욕이 떨어지고 자주 체하거나 복통이 올 수 있습니다. 반면에 흥분을 잘하고 충동성이 높은 아이들은 위장관 운동이 과잉되어 식욕이 높아져 비만으로 이어지기도 합니다. 소화 기능을 개선할 때도 단순히 소화기만을 봐서는 안 되고 전체적인 뇌의 균형 발달을 함께 살펴야 합니다.

아이들 중 밥을 먹다가 대변을 보러 가는 경우가 있는데, 이 경우는 장의 운동성이 떨어지는 경우입니다. 예민한 아이들 중에는 자고 일어나서 바로 밥을 먹으면 입맛이 없다고 하는 아이들이 있는데, 이럴 때는 아침밥을 억지로 먹이는 것보다 소화가 잘되는 음식으로 본인이 원하는 양만 먹도록 하는 것이 좋습니다. 냄새나 식감에 민감한 아이들은 편식이 심할 수 있는데, 무조건 골고루 먹이려고 하면 오히려 스트레스가 될 수 있으니 커가면서 천천히 조절하도록 유도하는 것이 좋습니다.

4. 소변을 너무 자주 봐요

뇌가 발달하면서 보통 29개월을 전후로 대변을 가리고, 32개월을 전후로 소변을 가립니다. 대소변을 가리는 시기는 아이마다 차이가 있지만, 또래에 비해 너무 늦는 경우는 배설을 조절하는 신경 쪽이 약해서 그렇습니다. 소변 가리기가 늦은 아이는 커서도 밤에 소변 실수를 하거나 소변을 너무 자주 보는 등 문제가 계속될 수 있습니다. 야뇨증이나 빈뇨로 비뇨기과를 가봐도 특별한 병명이나 치료법이 없는 경우가 대부분입니다.

대변 문제 중 변비가 있는 아이는 몸에 열이 많아 정서와 행동이 과잉되는 쪽으로 균형이 깨져 있는 경우가 많습니다. 반면에 묽은 변을 보는 아이는 장이 예민해서 음식 혹은 정서적인 면의 영향을 받아서 복통을 자주 느끼고, 배변 횟수가 많습니다. 이렇듯 대소변의 조절도 우리 몸의 전반적 신경 균형과 관련되어 있습니다. 어릴 때 겪었던 대소변 문제가 보완되지 못하면 성인이 되어서도 관련 문제가 지속될 수 있습니다.

5. 추위와 더위를 많이 타요

유독 더위를 많이 타거나 추위를 못 견디는 아이들도 있습니다. 한의원에서 몸에 열이 많다는 말을 듣는 아이들은 체온을 조절하는 신경계가 항진되어 있는 유형입니다. 이런 유형은 더위를 많이 탈 뿐 아니라 두통, 코피, 안면 열감, 변비 등의 문제와 함께 정서적으로도 쉽게 흥분하고 충동 조절이나 분노 조절이 안 되는 경향이 많습니다. 반대로 추위를 많이 타는 아이들은 체온을 조절하는 신경계가 약해 감기에 잘 걸립니다. 또한 소화가 안 되고 쉽게 피곤해하며 체력이 약하고 긴장, 불안, 두려움을 많이 느끼는 편입니다.

체온 조절 불균형은 다른 신경계와 연결되어 상호 영향을 미치기 때문에 처방할 때 중요하게 고려하는 요소입니다. 추위나 더위를 많이 타는 아이들은 냉난방으로 기온 차가 많이 날 때 감기나 비염에 잘 걸릴 수 있으므로 평소 체온 관리에 신경 써야 합니다.

6. 잘 때 땀을 많이 흘려요

잠을 잘 때 머리가 젖을 정도로 땀을 흘리며 자는 아이들이 있습니다. 보통 막 잠이 드는 시점에 땀이 나는데, 심한 경우 베개가 젖을 정도로 땀이 나기도 합니다. 땀이 나서 체온이 낮아져야 뇌가 수면 상태로 접어드는 신경 유형의 아이들입니다. 이런 증상이 있더라도 크면서 점차 줄어들어야 하는데 증상이 계속 지속된다면 몸의 진액이 소실되면서 열이 잘 오르는 체질이 될 수 있습니다. 그러면 눈과 코의 점막이 건조해져서 코피, 비염, 알레르기가 올 수 있고 피부가 거칠어지거나 변비가 생길 수 있습니다. 조금만 뛰어놀아도 땀이 많이 나는 경우는 열을 발산하기 위해 체온을 조절하는 것과 관계가 있고, 손발에 땀이 나는 것은 긴장 조절과 관계가 있습니다. 그러니 평소 손발에 땀이 많은 아이는 신경학적으로 긴장과 불안도가 높다고 보면 됩니다.

7. 자세가 너무 안 좋아요

아이의 자세가 구부정하거나 삐딱하게 앉아 있으면 부모님들은 잔소리를 하게 마련입니다. 아이는 잔소리를 들을 때 잠깐 자세를 바로잡는가 싶더니 금세 원래대로 돌아갑니다. 일반적으로 자세는 근육이나 골격의 문제라 보지만 실은 뇌와 매우 관련이 깊습니다. 아기는 뇌가 발달하면서 점차 앉기와 걷기가 가능해집니다. 커가면서 아이들의 자세는 뇌와 신경의 반응에 따라 자연스럽게 구조가 잡힙니다. 따라서 아이들이 일부러 좋지 않은 자세를 취하는 것이 아니라, 뇌와 신경계의 불균형이 근골격에 영향을 미쳐 구부정한 자세가 되는 것입니다.

성장기에는 아직 근육 발달에 의한 보상 작용이 적어서 뇌와 신경의 불균형 문제가 고스란히 몸에 드러납니다. 그래서 몸의 균형 상태를 통해 아이들의 뇌 불균형 문제를 더 명확하게 관찰할 수 있습니다. 실제로 뇌 불균형 문제를 가지고 있는 아이들은 눈의 중심이 한쪽으로 치우쳐 있거나, 고개가 한쪽으로 기울어지는 등의 문제를 가지고 있습니다. 이런 상태는 아이들이 책상에 앉을 때 한쪽으로 삐딱하게 앉거나 자꾸 기대게 만들며, 글씨를 쓸 때도 자세가 틀어지는 요인이 됩니다. 그래서 보호자의 생각과는 달리 자세 문제는 정형외과 치료만으로 개선하기가 쉽지 않습니다. 목이나 척추 등 근골격의 원인으로 발생한 문제는 정형외과에서 효과를 볼 수 있지만, 신경의 균형이 깨져서 발생하는 자세 문제는 반드시 뇌의 균형 문제를 해결해야 개선할 수 있습니다.

8. 감각이 너무 예민해요

어렸을 때부터 감각이 매우 예민한 아이들이 있습니다. 청각이 과민해서 큰 소리에 잘 놀란다거나 음향 때문에 극장에 못 가는 경우도 있고, 청소기나 드라이어 소리에 귀를 막는 아이도 있습니다. 후각이나 미각이 예민해서 처음 먹는 음식의 냄새나 식감에 민감하게 반응하여 항상 먹던 음식만 고집한다거나 비위가 약해서 쉽게 구역감을 느껴 토하는 경우도 있습니다. 촉감이 예민한 경우 간지럼을 너무 심하게 타거나 다른 사람과 닿는 것을 싫어하는 경우도 있고, 옷의 재질에 민감하거나 옷에 붙은 태그를 모두 제거해줘야 하는 경우도 있습니다. 빛에 민감하여 눈부심을 유독 심하게 느끼는 경우도 있습니다. 크면서 나아지지 않을까 하고 지켜보지만 쉽게 사라지지 않는 경우라면 내재된 뇌 불균형의 문제가 있을 수 있습니다. 이러나 감각과민은 주의력 결핍, 틱장애, 불안장애, 강박증, 수면장애 등으로 발전할 수 있습니다.

9. 운동신경이 너무 부족해요

뇌가 발달하면서 만들어진 운동신경망은 이후에는 언어나 인지 발달 과정에 함께 사용됩니다. 그래서 어렸을 때는 걸음마가 빨랐던 아이가 언어도 빠르고, 운동을 잘하는 아이가 공부도 잘하는 경우가 많습니다. 아이가 기는 동작을 하지 않고 바로 서는 단계로 넘어갔거나 걸음마가 늦었던 경우, 또는 잘 넘어지거나 부딪히거나 동작이 굼뜨거나 마음대로 몸을 잘 못 움직이는 경우, 공을 던지고 받거나 차는 동작이 잘 되지 않거나 젓가락질, 단추 채우기 등이 잘 되지 않는 경우에도 뇌가 불균형하게 발달하고 있는 건 아닌지 의심해봐야 합니다.

7장

뇌와 함께
자라는 아이들

아이가 집중하지 못하는
진짜 이유

"우리 애가 자기 할 일을 알아서 했으면 좋겠어요."
"놀 때 놀고 공부할 때 공부했으면 좋겠어요."
"여러 번 이야기하면 행동이 바뀌었으면 좋겠어요."

제가 진료 중에 만나는 부모들이 자신의 아이에게 원하는 행동입니다. 아이들은 아직 자기 조절이 미숙하고, 감정과 행동이 충동적입니다. 그러다보니 어른들의 눈에는 문제가 많아 보일 수 있습니다. 약속도 잘 안 지키고 할 일도 자꾸 미룹니다. 마구 떼를 쓰기도 하도 TV와 게임에 쉽게 빠져버리고, 공부는 하기 싫어하지요. 아이들은 왜 이렇게 행동할까요?

우리 몸에는 많은 신경이 복잡하게 연결되어 있습니다. 아이가 성장함에 따라 신경도 함께 성장 발달하는데, 몸의 성장 속도와 뇌의 성장 속도가 항상 일치하지는 않습니다. 운이 좋아서 균형 잡힌 성장을 하는 아이들도 있겠지만, 대개는 성장기에 많은 신경이 우후죽순으로 자라는 과정에서 여러 가지 불협화음을 일으킵니다. 이런 뇌 안의 불협화음은 자기 조절을 담당하는 전두엽 발달을 지연시킵니다.

전두엽은 뇌의 가장 앞부분에 위치해 있으며, 사고력이나 목표 집중력 등 인간의 가장 고차원적인 능력을 관장하는 부위입니다. 원하는 목표를 설정하고 그 목표를 달성하기 위해 자기 행동을 통제하고 집중하는 힘이 바로 전두엽에서 나오지요.

사소하게는 책상에 앉아서 수업에 집중하는 것부터 일상의 크고 작은 방해 속에서 마음먹은 일을 끝내는 것까지, 한 사람이 살아가는 데 없어서는 안 될 중요한 일을 해내는 영역입니다. 한마디로 전두엽은 우리가 원하는 삶을 살아가기 위해 자신을 관리하고 조절하는 영역이지요. 이런 고차원적인 능력을 다루다보니 두뇌 발달 과정에서 가장 나중에 발달하는 부위이기도 합니다.

전두엽은 보통 7~8세부터 발달하기 시작해서 성인이 되는

19~20세 정도에 완성됩니다. 그러니 아이들의 행동은 서툴고 부족할 수밖에 없습니다. 아이에게 좋게 말해보기도 하고 무섭게 혼도 내보지만, 반복되는 아이의 문제 행동은 결국 부모를 폭발하게 만들죠.

아이들은 혼날 때는 잠시 정신을 차리면서 순간적으로 전두엽의 기능이 활성화됩니다. 하지만 아직 전두엽 발달이 미약하기 때문에 일상생활로 돌아가면 금세 본능에 충실한 행동을 합니다. 그러니 부모 입장에서는 아이가 항상 말로는 알겠다고 하고서 행동은 늘 똑같은 것처럼 보입니다. 결국 부모는 아이에게 계속 잔소리를 할 수밖에 없습니다. 하지만 아이를 바꾸려면 잔소리만으로는 어렵습니다. 아이의 두뇌에 바른 행동의 습관 회로를 만들어주려 노력하고 전두엽의 성장 발달을 도와야 합니다.

이제는 부모의 관점 전환이 필요합니다. 행동만 보고서 아이를 판단하지 말고, 왜 그럴 수밖에 없는지 뇌에서 원인을 찾아야 합니다. 아이가 할 수 있는데도 하지 않는 것이 아니고, 하고 싶어도 잘 되지 않는 것임을 깨달을 때 아이에게 드는 감정 자체가 달라집니다. 분노가 이해로 바뀌는 것이지요.

게임 중독 아이에게
게임을 권하다

　요즘 아이들의 학습을 방해하는 큰 걸림돌 중 게임을 빼놓을 수 없습니다. 사실 요즘 세상에 게임을 하지 않는 아이는 드물 것입니다. 요즘 아이들에게 게임은 단순히 오락거리 이상의 의미가 있습니다. 친구를 사귀기 위해서라도 하지 않으면 안 되는 문화로 자리 잡았으니까요.

　특히 청소년기는 사회성이 발달하면서 가족이라는 울타리를 벗어나 처음으로 또래 문화에 편입되는 시기입니다. 이 시기에 어떤 친구들과 함께하느냐에 따라 관심사도 크게 달라지지요. 게임을 좋아하는 친구를 만나면 게임이 가장 중요한 관심사가 됩니다. 친구들과 함께하는 게임 시간이 점차 늘어나다가 결국은 게임 중독에 빠지는 경우가 많습니다.

게임만 하는 아이를 다그쳤더니 아이가 폭력을 휘둘렀다며 병원에 온 어머니가 있었습니다. 어머니는 하나밖에 없는 고등학생 아들이 하라는 공부는 안 하고 게임만 하는 것이 답답하다며 하소연했습니다. 그래서 보다 못해 한 소리했는데, 아이가 반성하기는커녕 폭력까지 휘둘렀다는 겁니다.

어머니의 안타까운 심정을 이해하지 못하는 건 아니었습니다. 하지만 이런 경우 무조건 아이의 잘못이라고만 여기기보다 아이의 입장에서도 한번 생각해볼 필요가 있습니다. 그래야지만 문제를 풀어갈 실마리가 드러납니다.

상담실에 들어온 성욱이의 표정에는 적의가 가득했습니다.

"병원에는 네가 오고 싶어서 온 거야? 아니면 엄마가 오자고 해서 왔어?"

"엄마가 오자고 해서요."

성욱이는 심드렁하게 대답했습니다. 우리 뇌는 자신이 하고 싶어서 하는 일과 그렇지 않은 일을 할 때 반응이 천지 차이입니다. 오고 싶지 않은 곳을 엄마 손에 이끌려 왔으니 아이의 반응이 호의적일 리 없지요.

"너는 오고 싶지 않은데, 엄마 때문에 할 수 없이 왔구나. 주말인데 친구들과 놀지도 못하고 병원에 왔으니 진짜 짜증 나겠다. 게임은 좋아하니? 주로 어떤 게임을 많이 하니?"

성욱이의 표정이 미묘하게 바뀝니다. 자기 마음을 알아주는 선생님을 만나니 마음이 풀어지는 것 같습니다. 성욱이는 조금씩 자기 이야기를 시작했습니다.

몇 번의 질문이 오간 후에 엄마의 바람과는 달리 성욱이는 공부에 뜻이 없다는 사실을 깨달았습니다. 성욱이는 특별히 하고 싶은 게 없고, 뭘 해야 할지도 모르겠다고 말했습니다.

성욱이는 초등학교와 중학교를 거치면서 한 번도 공부에서 성취감을 느껴본 적이 없었습니다. 그러니 공부보다는 다른 것으로 인정받고 싶었겠지요. 그러다 우연히 게임을 접했고, 게임 속에서는 친구도 만날 수 있고 공부 스트레스에서도 벗어날 수 있으니, 점점 현실을 외면하고 게임 속으로 빠져들었을 것입니다. 현실이 답답할수록 더더욱 게임에 몰두했겠지요.

"공부는 별로 좋아하지 않는 모양이구나. 그럼 넌 뭘 좋아하니?"

"음…… 운동하고 게임이요."

공부에 관심이 없는 아이와 공부 얘기를 이어갈 수는 없습니다. 아무리 어르고 달래고 정신 차리라고 혼을 내도 아이는 꿈쩍도 하지 않을 것입니다. 엄마 입장에서 아무리 공부가 중요하다 하더라도 공부를 싫어하는 아이에게 계속 공부를 강요할 수 없는 이유입니다. 우리 뇌는 본질적으로 원하지 않는 일을 하도록 진화되지 않았으니까요. 하기 싫고, 잘하지도 못하는 일을 억지로 하는 것만큼 뇌가 싫어하는 일은 없습니다.

성욱이에게 정말 필요한 건 '게임 중독'이라는 현상에서 벗어나는 것이 아니라 정말로 집중할 수 있는 무언가를 찾는 것이었습니다.

"지금보다 게임을 더 잘하게 될 방법이 있는데, 혹시 관심이 있어? 우리 한의원에 오는 친구들은 모두 자기의 두뇌 능력을 더 키우려고 오는 거야. 두뇌 능력이 올라가면 자기가 좋아하는 쪽으로 그게 드러나거든. 운동을 좋아하는 아이들은 운동 실력이 늘고, 음악을 좋아하는 아이들은 음악 실력이 늘어. 성욱이는 게임을 좋아하니까 분명히 게임 실력이 늘 거야. 어때, 한번 확인해볼까?"

아이들의 두뇌를 치료하다보면 우리가 일반적으로 알고 있는 방법과는 반대로 해야 하는 경우가 많습니다. 게임에 빠져 있는 아이에게 무작정 게임을 못 하게 막기보다는 오히려 게임을 아이와 소통하는 실마리로 삼아야 합니다. 그래서 저는 진료실에서 아이들과 소통하기 위해 요즘 유행하는 게임을 미리 찾아보기도 합니다.

우리 뇌는 자신이 원하는 것을 하기로 선택한 순간 스스로 작동하기 시작합니다. 그리고 스스로 선택한 것에 대해서는 쉽게 포기하지 않는 법이지요.

치료를 시작하고 한 달 후 내원한 성욱이에게 정말로 게임 실력이 늘었는지 물었습니다.

"네, 정말로 실력이 늘었어요."

성욱이는 신기한 듯 반짝이는 눈으로 대답했습니다.

"그래, 너의 두뇌가 정말로 달라지고 있다는 걸 알겠지? 그런데 어머니한테 들으니까 네가 게임을 더 잘하고 싶어서 컴퓨터를 사달라고 했다면서? 혹시 프로게이머가 되고 싶은 거니?"

성욱이는 게임 중독 증상을 보이고 있지만 프로게이머가 될 생각까지는 없었습니다.

흔히 사람들은 인간이 중독에 빠지는 이유가 신나고 흥미로운 행동을 계속 경험하고 싶어서라고 생각합니다. 그러나 중독에 빠지는 더 본질적인 이유는 '고통을 덜 느끼고 싶어서'입니다. 발딛고 선 현실이 답답하고 고통스러울 때, 인간은 그것을 잠시 잊게 해줄 무언가를 찾습니다. 어떤 이들에게는 그것이 마약이나 도박일 수 있는데, 우리 아이들에게는 게임인 것입니다. 게임을 하는 동안에는 자신의 현재 상태를 직면하지 않아도 되기에 게임에 몰입하는 거죠. 성욱이에게 게임은 답답하고 재미없는 현실에서 도피할 수 있는 피난처인 셈입니다.

성욱이는 자신이 무엇을 좋아하는지, 무엇을 잘하고 싶은지 잘 모르겠다고 했습니다. 그럴 때 '정답'을 제시해봤자 아무 도움이 되지 않습니다. 우리 뇌는 스스로 선택하고 결정한 것을 할 때 긍정적인 동기부여를 받을 수 있으니까요.

"선생님, 저, 운동을 해보려고 해요. 공부는 손 놨고, 게임을 좋아하긴 하지만 프로게이머가 될 생각은 없거든요. 친한 형이 운동을 해서 체대를 갔는데, 저도 한번 운동 쪽으로 진로를 바꿔보려고요."

성욱이가 방향은 찾았지만 여전히 목표는 막연합니다. 그럴 때는 좀 더 구체적인 자극을 줄 필요가 있습니다. 우리 뇌는 막연한 꿈에는 막연하게 반응할 뿐이니까요.

"그래. 그러면 그 형에게 체대 입시를 준비하려면 어떻게 해야 되는지 이야기를 들어보는 건 어때? 그리고 게임 시간을 조금 줄여서 규칙적으로 운동을 하면 좋겠다. 그런데 체대 가려면 공부는 아예 안 해도 돼?"

"아니요. 체대에 가려고 해도 공부는 어느 정도 해야 될걸요?"

아이의 대답을 놓치지 않았습니다.

"체대도 시험 성적을 완전히 안 보는 건 아니네. 그렇다면 공부를 아예 안 할 수는 없겠다."

그 말에 성욱이가 반응합니다.

"안 그래도 해보려고요."

보통은 이쯤에서 상담을 종료합니다. 아이가 공부에 대한 필요성을 느끼게 된 것만으로도 어느 정도 성과를 거둔 것이니까요. 하지만 뇌 전문가의 입장에서 볼 때 우리 뇌는 그렇게 쉽게 작동하지 않습니다. 공부에 대한 필요성을 느꼈다고 해도 그때 뿐이고 일상으로 돌아가면 또 습관처럼 게임에 빠져 살 수 있습니다. 이때는 '공부를 한다'는 막연한 문장 대신에 아이의 뇌에 조금 더 구체적인 문장을 각인시키는 것이 좋습니다. 그 구체성이 행동으로 연결될 확률을 높여주기 때문입니다.

"그동안 공부에 손을 놨으니까 한꺼번에 모든 과목을 다 하기는 어려울 거야. 평소에 좀 더 좋아하던 과목은 있니?"

그러자 성욱이는 국어와 역사는 그래도 좋아했던 과목이라서 한번 해보고 싶다고 합니다. 이렇게 해서 '공부를 해야겠다'라는 명제에서 '다른 건 몰라도 국어와 역사는 한번 해보겠다'라는 조금 더 구체적인 명제를 끌어낼 수 있었습니다.

아이들은 억지로 시킨다고 변하지 않습니다. 스스로 생각하고 선택할 수 있을 때 두뇌에서 실제적인 변화가 일어납니다. 또한 자기 생각을 행동으로 실천하게 하려면 되도록 구체적인 실행 목록을 만드는 것까지 연결해주어야 두뇌의 실행 영역이 작동할 확률이 높아집니다.

잔소리를 멈췄는데
아이가 달라지는 이유

해와 바람이 나그네의 외투를 벗기기 위한 내기를 했습니다. 먼저, 바람이 강한 바람을 불어서 나그네의 외투를 벗기려 했으나 나그네는 오히려 외투를 꽁꽁 싸맸습니다. 다음으로 해가 따뜻하게 햇볕을 비추었더니 나그네는 더위에 자연스럽게 외투를 벗어버렸습니다.

부모의 잔소리가 아이를 변화시키는 것이 아니고 오히려 분노와 반항 같은 방어기제를 강화할 수 있음을 설명하기 위해서 제가 부모님들께 자주 드리는 이야기입니다.

저는 치료를 시작하면서 부모님들께 아이의 두뇌 컨디션을 최적으로 유지할 수 있도록 적극적인 협조를 구합니다. 잔소리를 잠시 멈춰주기를 요청하는 것도 그중 한 가지입니다. 어떤 아이들은 특별한 치료를 하지 않았는데 부모님의 잔소리가 줄어든 것만으로도 상태가 호전되기도 합니다. 그만큼 부모의 압박이나 간섭이 아이들의 뇌에 알게 모르게 부정적인 영향을 준다는 것이겠지요.

실제로 요즘 아이들은 어려서부터 공부하라는 부모님의 잔소리와 경쟁에서 뒤처지면 안 된다는 무언의 압박을 받으면서 자라고 있습니다. 경쟁 자체를 즐기는 아이라면 모를까, 그렇지 않은 아이들에게는 성장 환경 자체가 뇌를 위축되게 만드는 환경인 셈입니다. 그러니 병원을 찾아올 정도로 문제 행동이 나타난 아이라면, 위축된 뇌가 본래의 잠재력을 회복할 수 있도록 시간을 두고 기다려줄 필요가 있습니다.

"어머니, 아무리 아이에게 이야기해도 두뇌의 신경망이 만들어지지 않으면 실행하는 게 어려워요. 그러니 아이의 뇌가 좀 더 성장해서 능력이 올라올 때까지 기다려주세요. 지금 아이에게 자꾸 이야기하는 것은 그저 잔소리만 될 뿐이에요."

그러면 어머니들은 수긍하는 듯하다가도 다시 묻습니다.

"그런데 원장님, 얼마나 더 기다려야 하는 거예요?"

부모 입장에서는 아이들의 부족한 부분이 눈에 보이는데 아무 이야기를 하지 말라니 속이 타고 답답할 수 있습니다. 그렇지만 다그치고 잔소리한다고 해서 아이들은 달라지지 않습니다. 그보다는 아이의 두뇌가 성장하는 과정을 묵묵히 지켜봐주는 것이 낫습니다.

부모가 아이에게 잔소리하면서 화가 나는 이유는 여러 번 이야기를 했는데도 아이가 변하려고 하지 않고 매번 똑같이 행동하기 때문입니다. 하지만 이는 아이가 할 수 있는데도 불구하고 안 하고 있다고 부모가 착각하는 것입니다.

잔소리로 아이들을 바꿀 수 없는 이유를 두뇌 관점으로 설명해보겠습니다. 두뇌에서 발달이 잘되는 영역은 강점으로 드러나고, 약한 영역은 약점으로 드러납니다. 부모님이 답답하게 여겨 개선하고 싶다 생각하는 대부분은 두뇌 발달이 약한 영역일 것입니다. 두뇌의 신경망이 제대로 형성이 안 되어 있기 때문에 아이는 잘하고 싶어도 잘할 수가 없습니다. 쉽게 설명하자면 오른손잡이에게 왼손으로 글씨를 쓰라고 잔소리한다고 해서 당장 왼손으로 글씨를 쓰게 되지 않는 것과 같습니다. 그러니 잔소리만으로는 아이를 변화시킬 수 없습니다.

게다가 두뇌의 열성 영역은 신경망이 만들어지기까지 훨씬 많은 에너지와 시간이 필요합니다. 그런데 부모의 잔소리로 아이의 짜증이나 두려움 같은 부정적 감정이 유발되면 두뇌는 많은 에너지를 소모합니다. 두뇌가 변화하기에 더욱 불리한 조건이 만들어지는 셈이죠.

아무것도 모르는 아기가 어느 날 걸음마를 떼기 시작합니다. 누가 가르쳐주거나 시키지도 않았는데 말이죠. 이는 두뇌의 신경망이 발달하면서 가능해지는 것입니다. 우리 아이들도 마찬가지입니다. 두뇌가 바뀌면 아이의 행동이 변하기 시작합니다. 그러니 부모는 아이를 격려하며 기다려야 합니다.

잔소리를 멈추고 두뇌 변화를 기다리다보면 아이의 변화가 조금씩 보이기 시작합니다. 그제야 보호자들은 제게 말하죠.

"원장님, 잔소리하지 않고 기다렸더니 우리 애가 진짜로 조금씩 달라지는 것 같아요."

부모님이 조급해하지 않고 아이를 믿고 기다려줄 때, 아이의 두뇌는 서서히 에너지를 충전하고 성장을 위한 발돋움을 시작합니다.

공부를 못하고 싫어하는
아이는 없다

공부를 잘하고 싶지 않은 아이는 없습니다. 다만 공부가 잘 안 되니까 재미가 없는 것뿐입니다. 아이들의 두뇌는 잘할 수 있는 것에 재미를 느낍니다. 공부할 수 있는 두뇌의 역량이 부족한 상태인데 부모가 억지로 공부를 시킨다고 해서 아이의 공부 습관을 잡을 수는 없습니다. 운동을 잘하는 사람은 운동이 재미있을 테고, 노래를 잘하는 사람은 노래가 재미있겠지요. 그리고 재미가 있다고 느껴야지만 어렵고 힘든 상황이 있더라도 버티고 이겨나갈 수 있습니다.

그러니 공부를 싫어하는 아이들이 공부에 흥미를 갖게 만들기 위해서는 두뇌의 학습 역량을 키워줘야만 합니다. 두뇌의 학습 영역이 조금씩 발달하면, 아이는 전보다 공부가 잘된다고 느끼고 차츰 공부에 흥미를 느낍니다.

공부를 잘 못한다고 아이를 데려오는 부모님의 대부분은 아이가 집중력이 부족해서 그런 것 같다고 단순하게 생각합니다. 하지만 학습을 힘들어해서 찾아오는 아이들을 분석해보면 그 원인은 매우 다양합니다. 전두엽 발달이 약한 ADHD, 인지와 언어 발달이 늦은 경계선 지능, 그리고 좌우 뇌 연결이 약한 난독증, 변연계가 과민한 불안이나 강박증 등 학습을 방해하는 원인은 다양합니다.

저의 학습장애 치료 목표는 공부를 잘하게 만드는 데 있다기보다는 아이의 두뇌가 균형 있게 발달하도록 돕는 것입니다. 불균형 요인을 채워나가다보면 아이들의 뇌 안에 숨어 있는 가능성이 열리기 시작합니다.

두뇌의 학습 역량을 강화하기 위해서는 우선 아이의 뇌 발달 과정에서 숨어 있는 다양한 불균형 요인을 찾아내야 합니다. 척추에서 뇌로 연결되는 신경 회로의 이상은 없는지, 좌우 뇌의 편차가 심한 것은 아닌지, 시지각적 균형과 초점 유지는 잘 되는지, 집중력이나 작업 기억, 메타인지 등 전두엽의 다양한 학습 능력은 잘 발달해 있는지 다양한 요인을 분석합니다.

그다음, 불균형 요인을 개선할 수 있는 적절한 처방이 필요합니다. 공부를 많이 하다가 에너지가 저하된 수험생에게는 한약을 처방하기도 하고, 척추와 두개골의 구조적 균형을 회복하기 위한 뇌 균형 교정 방법을 사용하기도 합니다. 좌우 뇌 통합과 전두엽의 학습 능력 발달을 위해서 두뇌 훈련을 진행해야 하는 경우도 있습니다.

두뇌가 변화하기 시작하면 아이들은 조금씩 공부에 흥미를 보이거나, 학습 태도가 바뀌기 시작합니다. 그리고 전두엽이 강화되기 시작하면 공부할 때 집중이나 기억, 이해하는 과정에도 변화가 드러납니다. 아이들은 이러한 뇌의 변화를 대부분 '자신도 모르게 저절로 되는 느낌'이라고 표현합니다. 아무리 애써서 하려고 해도 안 되던 공부가 두뇌의 신경망이 연결되는 순간 저절로 되는 것처럼 느껴지죠. 아이들이 표현하는 두뇌 변화는 매우 구체적이고 명확합니다.

"수업에 집중하려고 해도 내용이 귀에 들어오지 않았는데, 이제는 수업 시간에 수업 내용이 들려요."

"공부하다가 시계를 보면 전에는 10분이 지나 있었는데, 이제는 40분이 지나 있어요."

"전에는 지문을 네댓 번씩 읽어야 문제를 풀 수 있었는데 지금은 두세 번만 읽어도 문제를 풀 수 있어요."

"수학 문제를 읽으면 어떤 공식을 적용하면 좋을지 딱 떠올라요."

아이가 공부를 잘할 수 있게 해달라고 저를 찾아오는 부모님들에게 저의 역할은 아이들의 두뇌 발달을 도와주는 것뿐이라고 말합니다. 두뇌의 근간이 되는 신경 영역의 불균형이 채워지면 차근차근 뇌의 건강 영역 그리고 정서 영역이 차례대로 강화되고 발달합니다. 그러고 나면 가장 상위 영역인 전두엽의 변화가 나타나죠. 공부를 열심히 하는데도 성적이 안 나오던 아이들은 이 시점부터는 실제 성적이 오르는 결과가 나타납니다.

다만, 공부가 아닌 다른 것에 흥미를 갖고 있거나, 다른 쪽에 재능을 가진 아이라면 공부가 아닌 다른 영역에서 변화가 드러나죠. 운동을 전공하는 아이들은 운동 실력이 늘어나고, 뮤지컬이나 아이돌을 준비하는 아이들은 음악 실력이 늘어 오디션에 당당히 합격하는 식으로 두뇌의 성장 변화가 드러납니다.

이렇게 아이들 뇌 안에 잠재되어 있던 자신만의 가치와 색이 반짝반짝 빛나면서 드러나는 순간이 제게는 가장 보람되고 기쁜 때입니다.

의지와 노력보다
중요한 것

"한약을 먹으면 아이가 공부를 잘할 수 있게 될까요?"

아이들에게 한약 처방을 할 때마다 부모님들은 제게 묻곤 합니다. 한약을 먹고서 공부를 잘하게 되기를 바라기는 하지만 '정말 공부를 잘하게 될 수 있을까' 하는 의구심을 품는 것은 당연한 반응입니다.

주의집중을 못 하거나 게임 중독에 빠진 아이들에게 한약을 쓰는 이유는 증상 자체를 억제하기보다는 아이들의 전두엽 발달을 돕고 자기 조절을 할 수 있는 힘을 길러주기 위해서입니다. 게임 중독인 아이가 생활 습관을 개선하려면 그러한 습관을 끊을 수 있는 힘이 필요합니다. 학습장애를 겪고 있는 아이가 집중력을 끌어올리려면 뇌의 에너지 상태가 안정되어 있어야 하지요. 성인도 피곤하고 컨디션이 저조한 시기에는 일에 집중하기 어렵듯, 아이들의 뇌 또한 에너지가 저하된 상태에서는 원하는 방향으로 두뇌를 사용하기가 어렵습니다. 말하자면 한약은 뇌의 부족한 에너지를 보완하여 불균형 상태를 회복하고, 나아가 자기 조절 영역인 전두엽 발달을 돕기 위해서 사용하는 것입니다.

부모들은 아이가 의지와 노력이 부족해서 문제라며 걱정합니다. 하지만 아이들에게 있어서 의지와 노력보다 중요한 것은 '어떻게 균형 있는 뇌 발달을 만들어갈 것인가'입니다. 의지와 노력은 뇌 발달을 위한 전제 조건이 모두 갖추어지고 나서 마지막에 발휘되는 뇌 기능이기 때문입니다. 의지와 노력이 부족하다며 무조건 아이들을 탓해서는 안 됩니다.

부모의 잔소리를 듣고 전문가와 상담해도 꿈쩍하지 않던 아이의 행동은 치료를 통해 뇌가 변화하기 시작하면 갑자기 달라지기 시작합니다. 보호자들은 놀랍고 신기하다고 이야기하지만, 이는 뇌 발달 원리상 끊어져 있던 전선을 연결했더니 아무리 열심히 스위치를 눌러도 작동하지 않던 조명에 불이 들어오는 것처럼 당연한 결과입니다.

뇌의 변화는 다음의 여러 단계를 거칩니다. 먼저 뇌 안의 에너지 레벨이 높아지면 '왠지 뭔가 될 것 같다'는 긍정적인 느낌이 먼저 올라옵니다. 그다음 신경망의 얼개가 만들어지면서 '뭔가 해보고 싶다'는 욕구가 강해지고 구체적인 행동을 시도하게 됩니다. 이러한 시도를 반복하는 과정에서 신경망이 더욱 발달하여 임계점에 도달하면, 불가능했던 기능이 가능해지기 시작합니다. 이때부터는 의지와 노력을 통해 고차 기능 단계까지 두뇌를 발달시킬 수 있습니다. 이처럼 의지와 노력은 두뇌 변화의 마지막 단계가 되어서야 발휘될 수 있습니다.

신경망이 형성되면서 뇌가 변화하는 데는 시간이 필요합니다. 두뇌의 신경망이 연결되기까지 약 3개월, 100일 정도의 시간이 필요하며, 신경 회로가 제대로 자리를 잡기까지는 9~12개월 정도의 시간이 필요합니다. 어른들이 아이들의 변화를 지켜볼 때는 적어도 그 정도의 시간을 두어야 하는 것이지요.

좋아하는 대상이
생긴다는 의미

공부에 전혀 집중하지 못하고 별 의욕도 없을 뿐만 아니라 친구들과도 잘 어울리지 못해 치료를 받던 수현이의 어머니가 갑자기 상담을 요청해왔습니다.

"원장님, 수현이가 하라는 공부는 안 하고 요즘 음악에 빠져 있어서 걱정이에요."

수현이가 힙합에 관심을 갖더니, 지방에서 한의원에 오는 길에 매주 서울에 있는 힙합 동아리 모임에 참여하고 있다고 합니다. 어머니는 아이가 음악에 빠지는 게 걱정인 모양입니다. 수현이가 처음 저를 찾아왔을 때는 공부도 친구도 관심 있는 게 없었습니다. 공부도 잘 못하고 친구들과도 잘 어울리지 못하니 자신감도 떨어져 있고 의욕도 없는 상태였습니다. 아무것도 하고 싶어하지 않던 수현이가 좋아하는 것을 모색하기 시작했다면, 두뇌에는 긍정적인 변화가 시작되었다는 신호일 수 있습니다. 그런데 공부를 잘하기만을 원하는 부모는 달라진 게 하나도 없는 것처럼 느끼고 있었습니다.

"어머니, 수현이가 처음 왔을 때는 두뇌 기능이 완전히 저하되어 있어서 원하는 것도 흥미를 느끼는 것도 없는 무기력한 상태였어요. 그런데 이제는 두뇌가 활성화되면서 좋아하는 게 생기기 시작한 겁니다. 이것은 두뇌 입장에서는 굉장한 변화입니다."

그러자 어머니가 다시 질문합니다.

"음악을 좋아하게 된 게 왜 두뇌가 나아졌다는 뜻인가요?"

"힙합을 좋아한다고 해도 그냥 음악만 들을 수도 있는데, 굳이 서울에 있는 힙합 모임까지 알아보고 참여한다는 것은 수현이가 굉장히 적극적으로 바뀌었다는 의미죠. 그리고 한두 번 가보고 안 갈 수도 있는데 몇 달째 꾸준히 다니고 있다는 건 의지력과 인내력도 많이 생겼다는 거고요. 힙합 모임의 친구들과도 잘 어울린다는 것이니까 사회성도 전보다 좋아졌다고 볼 수 있어요. 아이의 두뇌 변화는 싫어하는 영역이 아니라 좋아하는 영역에서 먼저 드러납니다."

자세한 설명을 듣고 나자 어머니의 표정이 조금 밝아졌습니다.

"자신이 좋아하는 일에 열정적으로 도전해보는 것은 아이에게는 너무 소중한 경험입니다. 아무리 좋아하는 일이라고 해도 하기 싫을 때도 있고 포기하고 싶을 때도 있을 텐데, 꾸준히 지속하기란 쉽지 않죠. 지금 아이의 두뇌에는 매우 중요한 신경 회로가 만들어지고 있어요. 그러니 너무 걱정하지 마시고, 아이의 변화된 행동들을 찾아서 인정해주시고 칭찬도 좀 해주세요."

우리의 두뇌는 에너지 레벨이 높아야지만 꿈과 미래를 생각할 수 있습니다. 두뇌의 에너지가 부족해지면 무기력, 불안, 두려움 등의 부정적 프로그램밖에 작동시킬 수 없습니다. 그러면서 게임이나 스마트폰에 빠져서 하루살이처럼 미래에 대한 생각 없이 하루하루를 보내죠.

이런 아이들도 두뇌 에너지가 차오르면 마치 해가 떠오르면서 어둠이 걷히고 세상이 밝게 드러나듯 의식이 확장되면서 세상이 보이기 시작합니다. 주변에 공부하는 친구들이 보이면서 미래를 걱정하기도 하고, 좋아하는 일이 생기면서 꿈을 갖기도 합니다. 별 의욕이 없이 꿈을 물어보면 모르겠다고 하던 아이에게 꿈이 생겼다는 건 뇌의 에너지 레벨이 높아지고 있다는 신호입니다. 두뇌는 에너지 레벨이 높아질 때 미래와 꿈, 희망의 프로그램을 작동시킬 수 있습니다.

아이가 공부를 잘해서 좋은 대학에 입학하고 좋은 직장에 들어가기를 바라지 않는 부모는 아마 없을 것입니다. 하지만 우리 아이들이 살아가야 하는 시대는 부모 세대가 살아온 시대와 전혀 다릅니다. 요즘 시대는 예전 부모님 시대와 달리 꼭 대학을 졸업하거나 취직을 해야만 하는 시대가 아닙니다. 중고등학교만 졸업하고도 유튜브나 인스타그램을 통해 유명해지기도 하고, 창업하기도 합니다. 대학을 나오지 않았다고 해서 실패한 인생처럼 여겨지는 사회 분위기도 아닙니다. 그러니 아이들에게 어른의 가치관이나 잣대를 강요할 필요는 없습니다. 부모님들과 상담하다보면 우리 아이들이 인생에 적응하지 못하는 게 아니라 부모님들이 달라진 세상에 적응하지 못하고 있는 게 아닌가 싶을 때가 있습니다.

아이들이 흥미와 열정을 갖는 대상이 생긴다면 일단은 무엇이든 지지해주는 편이 좋습니다. 큰 꿈이든 작은 꿈이든 아이들이 하고 싶은 일을 소중하게 여겨주는 태도가 중요합니다. 꿈도 희망도 없이 무기력하게 지내는 아이들 사이에서 관심사가 있고 꿈이 있는 아이들은 이미 그 자체로 특별한 아이니까요.

한 번이라도 자신이 원하는 것을 향해 내달렸던 경험이 있는 아이는 그 기억이 뇌에 남아 자신이 하고 싶은 일을 찾아내는 동력을 스스로 돌릴 수 있습니다. 그러니 "왜 하라는 공부는 안 하고 쓸데없는 걸 하니?"라고 타박하는 대신에 "너의 뇌가 꿈을 밝힐 수 있을 만큼 잘 커가고 있구나"라고 함께 기뻐하고 응원해줄 수 있어야 합니다.

아이를 스스로
책상에 앉게 만드는 방법

주의력이 약한 아이들이 공부할 때 가장 문제가 되는 것은 과제에 잘 집중하지 못하는 것입니다. 주희는 집중력 문제로 4개월째 치료받고 있었습니다. 어머니는 주희가 공부를 잘했으면 하는 마음에 영어 학원도 보내고 집에서 온라인 학습도 시키고 있는데, 아이가 통 집중하지 못해서 걱정이라고 했습니다.

"학원 선생님들은 주희가 전보다 수업 시간에 태도가 좋아졌다고는 하는데, 집에서는 뭐가 달라진 게 없어요. 어떻게 해야 주희가 다른 애들처럼 진득하게 앉아서 공부할 수 있을까요?"

학원에서는 전보다 집중력이 좋아졌다는데 집에서는 여전히 집중을 잘 못 한다는 어머니의 말에, 주희의 생활 패턴을 다시 한번 확인해봤습니다.

"아이 생활이야 뻔하죠 뭐. 학원 갔다 오면 계속 놀다가 저녁 먹고 나서야 숙제를 해요. 저는 빨리 씻고 공부했으면 좋겠는데, 주희가 책상에 앉는 데까지 시간이 너무 오래 걸려요. 그동안 저는 몇 번이나 잔소리를 하고요."

공부하라고 닦달하는 엄마와 하기 싫어서 시간을 질질 끄는 아이, 두 사람의 실랑이가 눈에 보이는 듯했습니다.

그런데 어머니의 말을 듣다보니 조금 걸리는 점이 있었습니다. 어머니가 아이의 입장은 전혀 고려하지 않은 채 일방적으로 빨리 공부하라는 식으로만 말하고 있다는 점이었습니다. 두뇌는 예상하지 못했던 일을 바로 수행하는 데 어려움을 겪습니다. 그것이 하기 싫고 어려운 공부라면 더더욱 그렇겠지요.

"어머니, 주희에게 스스로 알람을 맞춰보게 해주세요."

어머니는 무슨 말인지 모르겠다는 표정이었습니다.

"주희가 언제 공부를 시작할지 생각하게 하고 그 시간에 맞게 스스로 알람을 맞추게 하는 거예요. 지금 어머니 머릿속에는 아이의 스케줄이 딱 들어와 있지만, 주희의 뇌에는 그런 계획이 전혀 입력되어 있지 않아요. 보통 사람도 일상생활을 하다가 학습 모드로 들어가려면 시간이 걸리는데, 주의력이 약한 아이들 입장에서는 쉽지 않지요. 특히나 한창 재미있게 놀다가 숙제를 하려면 더 어려울 수 있어요. 그러니 주희에게 당장 책상에 앉아 공부하라고 닦달하지 마시고, 아이의 두뇌가 공부 모드로 전환될 수 있도록 단계를 만들어주세요. 자기가 공부를 시작하겠다고 먼저 시간을 정한 뒤, 30분 전부터 10분 단위로 알람을 울려서 스스로 책상에 앉아 공부를 시작할 수 있는 마음의 준비를 할 수 있게 돕는 거예요.”

아이 입장에서는 자기가 하고 있는 일이 있는데 지금 바로 공부를 하라니까 “잠깐만” “5분만”이라 답하며 시간을 버는 것입니다. 하지만 시간이 조금 지나면 아이는 자기가 하던 일에 빠져 공부를 시작하겠다는 생각을 잊어버립니다. 그러니 스스로 시간을 정하고 알람을 맞춰 지속적으로 두뇌가 자각하게 해야 합니다. 행동으로 실천할 수 있도록 돕는 것이죠.

전두엽이 발달한 성인이라면 마음먹은 일을 하는 데 여러 단계가 필요하지 않습니다. 결심하고 바로 실행에 옮기면 되지요. 하지만 아직 전두엽이 발달 중인 아이라면, 게다가 주의력이 부족한 아이라면 조금 더 섬세하게 배려해야 합니다. 그런 아이가 책상에 앉자마자 과제에 집중하기란 거의 불가능에 가까운 일이니까요.

주의력이 약한 아이들은 한 가지 일에 집중하기 힘든 두뇌 조건을 갖고 있습니다. 당연히 학습 모드로 들어가는 데 시간이 오래 걸리죠. 그러니 모드를 전환할 수 있도록 두뇌의 신경 회로를 자꾸 자극해주고 강화하는 방향으로 교육해야 합니다.

주희처럼 한 번에 학습 모드로 바로 들어가기 어려운 경우라면, 그 과정을 여러 단계로 나눠서 반복할 필요가 있습니다. 말하자면 알람은 학습 모드로 진입하는 징검다리 역할을 하는 셈이죠. 아이가 신나게 놀고 있을 때 30분 후에는 책상에 앉아야 한다는 사실을 미리 알려주고, 스스로 알람을 10분 간격으로 맞추도록 하면 아이는 놀면서도 잠시 뒤부터 공부해야 한다는 마음의 준비를 합니다. 알람을 통해 순차적으로 공부 모드로 들어갈 수 있도록 유도하는 것이지요.

마지막 알람이 울렸을 때는 아이가 이미 몇 번이나 책상으로 가야 한다는 신호를 받았기에 제 발로 책상에 가서 앉을 확률이 높아집니다. 아이가 정말 그렇게 행동한다면, 약속을 지킨 게 당연한 거라고 여기지 말고, 아이의 행동을 칭찬해주는 편이 좋습니다. 반복과 칭찬은 아이의 뇌에서 학습 모드로 전환하는 전두엽의 신경 회로를 강화해줄 것입니다.

아이의 집중력을
올리는 실천법

집중력의 신경 회로를 키워주려면 구체적으로 제안하거나 구체적인 목표를 세우는 것이 효과적입니다. 그냥 '숙제 해'라는 막연한 말보다는 영어 숙제를 할지, 수학 숙제를 할지 그리고 총 몇 페이지를 얼마 만에 끝낼지 구체적으로 계획해보는 겁니다. 당연히 공부를 시작하기 전에 활용했던 알람을 이때도 활용하는 것이 좋겠지요. 두뇌는 구체적인 목표를 세웠을 때 더 큰 집중력을 발휘합니다. 이런 과정을 반복하다보면 아이의 머릿속에 자신이 할 수 있는 학습량과 그에 맞는 시간을 가늠하는 감각이 발달합니다. 그 과정이 없이 나중에 고등학교에 가서야 공부 계획을 세우고 플래너를 써봐도 실제 자신이 얼마나 학습을 수행할 수 있는지에 대한 감각이 없으면 실천 불가능한 막연한 계획표만 세우게 마련이죠.

공부 목표를 세우는 것도 부모가 정해주기보다는 아이가 능동적으로 생각하고 결정할 수 있도록 해야 아이의 두뇌 속에 건강한 집중력의 신경 회로가 만들어집니다. 하지만 병원을 찾는 부모님들은 구체적인 계획 없이 막연하게 잔소리만 하는 경우가 많습니다. 아이는 잔소리에는 잠시 반응하지만 구체적인 행동으로 연결하지 못하고 이내 자기 하던 일로 돌아가버립니다. 정확한 명령어를 입력해야 정확한 피드백이 나오는 컴퓨터처럼, 아이의 뇌에도 보다 구체적인 목표가 주어져야 실행에 옮기기 쉽습니다.

병원을 찾은 정민이의 어머니는 정민이가 잠시도 가만히 앉아 있지 못한다고 걱정했습니다.

"우리 애는 막상 책상에 앉아도 5분을 가만히 있지 못하고 들락날락거려요."

한참 이야기를 듣다 이렇게 물었습니다.

"그때 어머니는 무얼 하고 계시나요?"

그러자 어머니는 부엌에서 저녁밥을 차린다고 했습니다.

"그러니까 어머니는 부엌에서 밥을 하면서 정민이에게 공부하라고 말로만 시킨다는 거죠?"

"네. 맞아요."

어머님께 이렇게 당부했습니다.

"그렇다면 앞으로는 일주일에 단 며칠이라도 어머니가 정민이 옆에 앉아서 면학 분위기를 잡아주세요. 그런 방식으로 두뇌에 집중을 유지하는 회로를 강화해주는 것이 필요합니다."

두뇌 입장에서는 잠깐 집중하는 것과 꾸준히 집중을 유지하는 것은 다릅니다. 공부에 일정 시간 집중하다보면 머리에 과부하가 쌓이면서 답답한 느낌이 올라오죠. 그러면 잠시 집중 상태에서 나왔다가 머리를 식히고 다시 집중 상태로 들어가는 것을 반복하면서 집중을 유지할 수 있습니다. 마치 잠수를 할 때 숨이 차면 물 밖으로 나와서 숨을 쉬고서 다시 물속으로 들어가기를 반복하는 것처럼요.

집중력이 약한 아이들은 집중 상태가 수시로 깨지기 때문에 부모가 옆에 앉아서 다시 집중 상태로 돌아갈 수 있는 분위기를 만들어주는 것이 좋습니다. 말로만 시키는 것보다 부모가 아이와 함께 자기 일에 집중하는 모습을 행동으로 보여준다면 더 좋은 일이겠죠.

마지막으로 어머니에게 중요한 당부의 말을 전했습니다.

"그렇다고 어머니가 아이의 공부까지 봐줄 필요는 없어요. 그저 아이 옆에 앉아 있으면서 엄마는 엄마 일을 하고 아이는 아이 일을 하면 됩니다. 만약 정민이가 화장실에 가고 싶다거나 물을 마시러 간다고 하면 공부 시작 전에 이렇게 말해주세요. 자, 이제부터는 엄마와 30분간 같이 공부할 거니까 목이 마르면 미리 물을 마시고 오고, 화장실이 가고 싶으면 지금 당장 다녀와."

우리의 마음은 날뛰는 원숭이와 같아서 통제하기가 매우 어렵습니다. 전두엽이 미성숙한 아이들은 욕구를 통제하는 게 더욱 어렵지요. 재미없고 하기 싫은 일을 만나면 아이들은 회피하고 도망갈 구석을 찾습니다. 그래서 물을 마시거나 화장실에 간다고 자꾸 들락날락합니다. 그럴 때 집중을 방해하는 요소를 아예 차단해야 합니다. 단 10분을 공부하더라도 마음이 도망갈 데가 없어야 집중하고 몰입하는 습관을 기를 수 있으니까요.

이처럼 집중의 신경 회로를 만들기 위해서는 아이들의 두뇌 상황에 따라 섬세하고 구체적인 솔루션이 주어져야 합니다. 오랫동안 아이들의 변화를 지켜보면서 제가 느낀 것은 부모님들이 결과가 아닌 과정에 집중해야 아이를 변화시킬 수 있다는 점이었습니다. 아이를 바꾸려는 일방적인 잔소리가 아니라, 부모와 아이가 함께 변화하고자 노력하는 과정에서 아이의 두뇌는 균형 있게 클 수 있습니다.

가정에서 함께하는 과정을 통해 전두엽의 신경 회로가 강화되면 집중력이 향상될 뿐만 아니라, 기분이 좋든 나쁘든 상황이 좋든 좋지 않든 회피하지 않고 견딜 수 있는 자기 조절 역량 또한 커집니다. 자신을 조절하고 집중할 수 있는 전두엽을 발달시켜주는 것은 인생의 어떤 어려움도 극복할 수 있는 재능을 아이에게 물려주는 것과 같습니다. 성장기 때 만들어지는 두뇌의 신경 회로 하나하나가 아이의 인생에 중요한 역할을 한다는 사실을 꼭 기억해주세요.

지금 알고 있는 걸 그때도 알았더라면

십여 년 전에 치료했던 이십 대 청년의 사례가 지금도 기억이 납니다. 외모가 말끔하게 생긴 친구였는데, 아니나 다를까 배우가 되는 것이 꿈이라고 했습니다. 실제로 한 영화 오디션에 합격해서 영화를 찍을 뻔했었다고 합니다.

"그런데 영화를 왜 못 찍었나요?"

넌지시 물어보니 청년이 내막을 풀어놓았습니다. 촬영 날, 감독과 수십 명의 스태프가 지켜보는 가운데 연기를 해야 되는데, 도저히 집중할 수가 없고 대본이 눈에 들어오지 않더라는 것입니다. 결국 대사 한마디 해보지 못하고 그 자리에서 그만두었다고 합니다. 배우가 꿈인 사람이 대본을 읽을 수 없다니, 얼마나 절망스러웠을까요? 그는 그제야 자신에게 문제가 있다는 사실을 자각했다고 합니다.

청년은 오디션을 보기 전까지는 자기가 그렇게 심각한 상태인지 몰랐다고 합니다. 평소에도 잠을 거의 자지 못하고 생각이 많았다고 합니다. 원래 글을 잘 못 읽기는 했는데, 그게 자기가 공부를 싫어해서 책을 많이 안 읽은 탓인 줄 알았지, 읽고 싶어도 못 읽는 거라고는 생각지도 못했다고요.

그런데 막상 어른이 돼서 사회생활을 해보니 그게 아니었습니다. 취업 준비도 해보고 여기저기 오디션도 보았지만 쉽지 않았습니다. 남들은 쉽게 하는 일도 버겁고, 하고 싶은 일이 생겨도 온전히 집중하기 어려웠습니다. 급기야 많은 사람 앞에서 대사한 줄 읽지 못하는 자신을 맞닥뜨렸을 때는 너무나 당황스러웠다고 합니다. 자신의 증세를 찾아보다가 성인 ADHD나 난독증인 것 같아서 치료를 받기 위해 저를 찾아왔다고 합니다.

진단 결과, 그는 감정을 주관하는 변연계는 끊임없이 활성화되는 데 비해 그것을 조절하고 통제할 전두엽은 미성숙한 상태였습니다. 감정이나 생각은 머리에서 끊임없이 올라오는데, 그것을 전두엽이 적절하게 조절해주지 못하니 항상 머릿속이 복잡하고 한 가지 일에 집중하기 어려웠던 것입니다. 당연히 책을 읽거나 편안하게 잠드는 것조차 어려웠지요. 이 청년처럼 성인의 난독증이나 ADHD는 어린 시절부터 뇌가 지속적으로 불균형하게 발달한 채로 성장한 경우라서 치료가 쉽지는 않습니다.

두뇌가 균형 있게 발달하지 못하면 정말 하고 싶은 일이 생겼을 때 자기 능력을 제대로 발휘하기 어렵습니다. 단순히 공부를 잘하느냐 못하느냐의 문제가 아닌 셈이지요. 그제야 그는 학창 시절에 자신이 공부하기 싫어서 안 한 것이 아니라, 하고 싶어도 할 수가 없는 뇌의 문제를 갖고 있었다는 사실을 알게 됐습니다.

실제로 한의원에 내원하는 성인 환자 중, 만약 증상이 처음 드러났던 어린 시절에 적절한 치료를 받았다면 일상적으로 별문제가 없었을 법한 환자도 제법 있습니다. 하지만 성인의 경우에는 원인을 알았다고 해도 문제를 해결하는 데는 많은 시간과 노력이 필요합니다. 뇌의 특성상 이미 신경학적 발달이 끝난 뒤에 불균형을 바로잡는 것은 쉽지 않기 때문입니다. 반드시 성장기에 치료를 받는 것이 무엇보다 중요합니다.

내원하는 환자나 보호자에게 뇌 질환의 치료 시기가 중요하다고 강조하는 이유가 여기에 있습니다. 한창 뇌가 성장하는 과정에서 뇌의 균형이 깨지면 주의력 결핍이나 난독증, 틱장애, 강박증, 사회성 부족 등 다양한 문제가 나타날 수 있습니다. 하지만 성장기 아이들은 이런 문제가 있어도 제때 제대로 치료하면 충분히 개선될 수 있습니다. 한창 자라는 새싹에 주는 한 줌의 거름이 다 큰 나무에 뿌리는 거름보다 더 큰 영향을 줄 수 있는 것과 마찬가지입니다.

시험, 취업, 승진에서 매번 좌절을 겪거나 동료들 간의 대인관계에 적응하지 못해서 한의원을 찾아오는 이삼십 대 젊은이들이 있습니다. 하고 싶은 일이 있는데도 뇌의 문제로 인해 제대로 꿈을 펼치지 못하는 청년들을 볼 때마다 참 안타깝습니다. 공부는 하기 싫으면 안 하면 그만이지만, 꼭 이루고 싶은 꿈조차도 뇌의 문제로 포기해야 한다면 그보다 절망스러운 일은 없을 테니까요.

함께 상담을 왔던 그 청년의 어머니도 어렸을 때부터 항상 그래왔던 증상들이 이제 와서 어떻게 치료하겠느냐고 별 기대를 하지 않는 눈치였습니다. 하지만 청년은 스스로 증상을 개선하겠다는 의지가 강했고, 자신의 문제를 명확하게 인지하고 있었기에 1년간의 꾸준한 치료 후에 난독증과 ADHD 증상을 상당히 호전시킬 수 있었습니다. 처음에는 글을 한두 줄 읽는 것도 힘들었지만 치료 후에는 책 한 권을 읽는 것이 가능해졌고, 끊임없이 생각이 멈추지 않고 일어나던 증상도 개선되어 편하게 잠들 수 있게 되었습니다. 하지만 그 과정이 결코 쉽지는 않았습니다. 이미 자리 잡힌 뇌의 잘못된 습관 회로들을 바꾸면서 새로운 신경 회로를 만드는 데는 많은 시간과 노력이 필요했습니다.

성인의 두뇌를 변화시키기 위해서는 반드시 본인의 간절한 의지가 필요합니다. 성인분들의 안타까운 사연을 접하다보면 '두뇌의 변화 가능성이 한창 열려 있는 소아청소년 시기에 문제를 알고 도움을 받을 수 있었다면 얼마나 좋았을까' 싶습니다. 제가 성장기 아이들의 치료에 더욱 집중하는 이유이기도 합니다.

아이들의 두뇌는 무한한 가능성을 내재하고 있습니다. 부모가 아이를 위해서 해줄 수 있는 것은 바로 뇌의 균형 있는 발달을 도와주는 것입니다. 햇빛과 영양을 부족함 없이 충분히 받고 자라는 나무는 뿌리가 깊게 내리고, 잎과 열매가 풍성하게 열리는 재목으로 성장하는 것처럼, 두뇌가 균형 있게 성장하는 아이는 스스로 하고 싶은 꿈을 찾아 행복하게 자신의 가치를 세상과 나누는 인재로 거듭날 수 있습니다.

☑ 부록 1 : 뇌 불균형 상태 체크 리스트

　다음의 항목들은 뇌 불균형으로 인해 유발될 수 있는 문제입니다. 아이들의 성장 과정에서 뇌 불균형은 자세와 체형뿐만 아니라 수면, 면역 등의 건강과 정서, 학습 발달에 여러 가지 문제를 만듭니다. 여러 항목이 표시되거나 일부 항목이 어렸을 때부터 지속적이고 심한 경우라면 뇌 불균형의 문제가 있을 수 있습니다. (다만, 이 리스트는 절대적인 기준은 아니므로 뇌 불균형 상태를 예측하는 데 참고용으로만 활용하기 바랍니다.)

체크 리스트	
1. 잠드는 데 시간이 오래 걸린다.	
2. 자다가 자주 깬다.	
3. 코골이, 이갈이 등이 자주 있다.	
4. 악몽을 자주 꾼다.	
5. 비염, 알레르기, 천식 등 면역성 질환을 자주 겪는다.	
6. 배가 아플 때가 많다.	
7. 두통, 어지럼증 등을 자주 호소한다.	

8. 조금만 걸어도 다리가 아프다고 한다.	
9. 균형 감각이 떨어진다.	
10. 평소 자세가 바르지 않다.	
11. 두상이나 안면 비대칭이 심한 편이다.	
12. 부정교합이 있다.	
13. 측만증이 있다.	
14. 평발이나 O다리, X다리가 있다.	
15. 사시나 약시가 있다.	
16. 양쪽 눈의 시력 차가 심하다.	
17. 더위나 추위를 심하게 탄다.	
18. 운동신경이 많이 부족하다.	
19. 소리에 예민하거나 눈부심이 심하다.	
20. 냄새, 맛 등에 민감하고 비위가 약하다.	
21. 촉각이 예민해서 옷의 재질이나 상표가 닿는 것에 민감하다.	
22. 멀미가 심하다.	
23. 잘 때 땀이 많이 난다.	
24. 손이나 발에 땀이 많다.	

25. 소변감을 자주 느끼지만 실제 소변 양은 많지 않다.	
26. 변비나 설사로 자주 고생한다.	
27. 어렸을 때 걸음마나 말이 늦었다.	
28. 짜증이 심하고 분노 조절이 잘 되지 않는다.	
29. 겁이 많아 평소에 무섭다는 얘기를 자주 한다.	
30. 낯선 것에 대해 긴장이 심하다.	
31. 별것 아닌 일에도 걱정이 많은 편이다.	
32. 집착이나 강박이 심하다.	
33. 눈치가 없고 분위기를 잘 파악하지 못한다.	
34. 산만하고 주의집중을 잘 못한다.	
35. 틱 증상이 있었다.	

■ 0~3개 : 불균형이 심하지 않은 상태
■ 4~8개 : 일부 불균형 요인이 있어서 예방과 관리가 필요한 상태
■ 9개 이상 : 뇌 불균형이 심한 편으로 정서와 건강, 학습 문제가 유발될 수 있음

☑ 부록 2 : 생활 속 뇌 불균형 간단 검사

뇌와 신경은 영역별로 어느 정도 차이를 가지고 발달하지만, 선천적·후천적 요인에 의해서 차이가 많이 벌어지면 뇌 발달 과정에 다양한 문제를 만듭니다. 뇌 불균형 문제가 많을수록 감각, 균형, 운동 신경의 기능적 발달이나 얼굴, 체형 같은 신체 발달에 영향을 미칩니다. 생활 속에서 내재된 뇌 불균형을 간단히 확인할 수 있는 몇 가지 방법을 소개합니다.

1. 두뇌-신체 간 우성지배를 확인한다.

뇌 발달 과정에서 좌우 중 한쪽 신경이 더 우세하게 발달하는데, 이를 우성지배라고 합니다. 특히 손발의 운동신경 발달과 눈, 귀의 감각신경 발달에서 우성지배가 분명하게 구분됩니다. 이때 같은 쪽으로 우성지배가 일치할수록 신경학적으로 발달에 유리합니다. 만약 일치하지 않을 경우 뇌 균형 발달에 다소 불리할 수 있습니다.

눈, 귀, 손, 발 중에서 어느 쪽을 우성으로 사용하는지 체크해봅니다. 같은 쪽으로 우성지배가 일치하면 좋지만, 일치하지 않는다고 문제가 있다는 말은 아닙니다. 다만, 우성 영역이 일치하지 않을 경우 신경을 통합하여 사용하거나 스트레스 상황에서 기능이 저하될 수 있다보니 발달 과정에서 뇌 불균형의 문제가 심화될 가능성이 있습니다.

	성향	좌	우
눈	종이를 둥글게 말아서 망원경처럼 보게 하고 어느 쪽 눈으로 보는지 체크		
귀	벽에 귀를 대고 소리를 들어보라고 하고서 어느 쪽으로 듣는지 체크(또는 전화를 주로 받는 쪽)		
손	글씨를 쓰고 밥을 먹는 손을 체크(만약 왼손잡이였는데 오른손으로 바꾼 경우는 왼손으로 체크)		
발	공을 찰 때 주로 사용하는 발, 또는 계단을 오를 때 먼저 내딛는 발을 체크		

2. 얼굴의 좌우 대칭을 비교한다.

안면부와 두개골은 대뇌, 소뇌와 눈, 코, 귀, 입 등 중요한 신경들이 해부학적으로 위치한 곳입니다. 그래서 사람의 얼굴에는 뇌에 대한 다양한 정보가 반영되어 있습니다. 얼굴이 완벽하게 대칭일 수는 없지만, 균형이 많이 깨져 있을수록 대뇌와 소뇌 및 중요 신경이 불균형하게 발달하고 있다고 봅니다.

① 벽에 기대어 몸과 얼굴이 돌아가지 않도록 하여 편한 자세로 선다.

② 목과 흉골이 만나는 가운데 움푹하게 들어간 곳에 붉은 스티커를 붙인다.

③ 머리와 목의 균형이 깨져 있지는 않은지, 머리와 눈, 코, 귀, 혀의 균형이 많이 깨져 있는지 체크한다.

머리와 목의 중심	붉은색 스티커 기준의 수직선에 코와 양 미간 중심이 얼마나 벗어나 있는지 체크	
머리의 기울기	고개가 한쪽으로 많이 기울어 있는지 체크	
눈의 크기	좌우 눈 크기가 차이가 많이 나는지 체크	
코의 균형	코가 한쪽으로 틀어져 있는지 체크	
귀의 각도	정면에서 양쪽 귀가 보이는 모양이 차이가 많은지 체크	
혀의 각도	혀를 길게 내보게 해서 한쪽으로 기울어 있는지 체크	

　　좌우 차이가 심할수록 해당 영역이 불균형함을 알 수 있습니다. 좌우의 차이가 심하지 않거나 체크된 항목이 1~2개 정도라면 걱정할 필요가 없지만, 차이가 심하거나 체크된 항목이 3개 이상이라면 성장 과정에서 여러 가지 신경학적 문제가 발생할 수 있으니 주의와 관찰이 필요합니다. 아이들은 성장 과정에서

계속 변화하기 때문에 주기적으로 확인하는 것이 좋습니다.

3. 안구 운동성을 비교한다.

눈은 뇌의 60퍼센트 이상의 영역과 연결되어 있어 뇌의 상태를 분석하는 데 중요합니다. 흔히 눈을 마음의 창이라고 표현하지만, 뇌신경학적으로는 뇌의 창이라 할 수 있습니다. 눈의 움직임을 통해서 숨어 있는 뇌 불균형을 확인할 수 있습니다.

① 끝에 스티커를 붙인 연필을 눈앞 30센티미터 정도의 거리에서 좌우로 천천히 움직이면서 두 눈의 움직임을 관찰한다. 이때 고개를 움직이지 말고 최대한 눈으로만 연필 끝을 따라가면서 두 눈의 움직임을 관찰한다.

② 그다음은 상하로 천천히 움직이면서 두 눈이 균형 있게 따라 움직이는지 비교한다.

③ 각각 5회 정도 반복하면서 고개가 자꾸 따라오거나, 눈의 움직임이 불규칙하게 튀거나 흔들리는 쪽이 있는지 확인한다.

운동성이 부족한 눈을 관장하는 뇌 영역에 불균형의 문제가 내재되어 있다고 볼 수 있습니다. 문제가 있을 경우 집중력이나 읽기 능력에 안 좋은 영향을 미칠 수 있습니다.

4. 좌우의 균형 감각을 측정한다.

사람은 두 발로 서는 직립이 가능해지면서 다른 동물보다 급격하게 뇌가 발달했습니다. 그래서 사람의 뇌는 균형을 유지하기 위해 소뇌, 전정신경 같은 많은 뇌 영역이 중요한 역할을 수행합니다. 만약 균형을 잡기 힘든 쪽이 있다면 해당하는 뇌 영역에 숨어 있는 불균형 요인이 있다고 볼 수 있습니다.

① 양손을 옆으로 든 채로 한 다리를 직각으로 들고 외발 상태로 선다.

② 균형을 유지하면서 몇 초나 버틸 수 있는지 시간을 측정한다. 좌우 교대로 테스트를 진행한다.

③ 다음은 눈을 감고서 다시 한 발 서기로 얼마나 균형을 유지하는지 좌우 교대로 확인한다. 중심을 못 잡아서 넘어질 경우를 대비해 옆에서 다른 사람이 잡아줄 준비를 하는 것이 좋다.

눈을 뜨고 측정하는 것은 일상생활에서의 균형 감각이고, 눈을 감고 측정하는 것은 순수한 균형 감각입니다. 눈을 뜨고서는 보통 20~30초 정도, 눈을 감고서는 보통 10~20초 정도 균형을 유지할 수 있어야 합니다. 균형을 잘 유지하지 못하는 쪽을 담당하는 뇌 영역에 불균형의 문제가 있다고 볼 수 있습니다.

	좌	우
눈 뜨고서 한 발 서기	초	초
눈 감고서 한 발 서기	초	초

5. 눈을 감고 제자리걸음 후 균형 상태를 체크한다.

뇌의 불균형은 두개골이나 골반의 구조적인 비대칭을 유발하여 체형의 균형을 깨뜨리거나 중심을 잡고 균형을 유지하는 기능을 약하게 만듭니다. 눈을 감고 제자리걸음을 걸어보면 신경의 불균형이 있거나 체형이 틀어져 있는 쪽으로 몸이 돌아가거나 움직이게 됩니다.

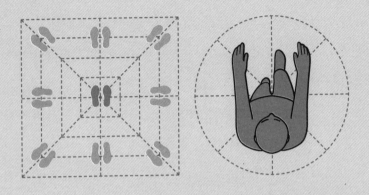

① 바닥에 기준이 되는 스티커를 붙여놓고서 중심에 선다.

② 눈을 감은 채 양손을 앞으로 뻗고서 제자리걸음을 50보 걷는다.

③ 멈춰 서서 중심에서 얼마나 벗어나 있는지 체크한다.

균형이 앞으로 깨져 있으면 중심에서 벗어나 앞쪽으로 가고, 뒤쪽으로 깨져 있다면 뒤쪽으로 가게 됩니다. 그리고 한쪽의 균형이 약하다면 몸이 한쪽으로 회전하거나 측면으로 이동합니다. 몸이 중심에서 많이 벗어날수록 뇌와 체형의 불균형이 있다고 볼 수 있습니다.

☑ 부록 3 : 뇌 불균형을 개선하는 식이 요법

뇌가 만들어지는 성장기에는 먹는 음식이 특히 뇌 발달에 중요한 영향을 미칩니다. 요즘 아이들은 편의점이나 배달 음식 등을 통해 가공식품이나 화학첨가물이 든 음식, 자극적이고 중독적인 음식에 쉽게 노출되고 있습니다. 또한 하얀 설탕, 백미, 흰 밀가루 같은 정제당과 정제탄수화물로 구성된 식품은 몸의 대사 기능에 과부하를 초래합니다.

이런 음식들은 아이들을 충동적이고 산만하게 만들고 감정 기복을 심하게 만듭니다. 또한 만성염증, 장 기능 저하 등의 건강 문제를 유발하고, 충동성, 주의력 결핍 같은 인지기능의 저하를 유발하기도 합니다. 성장기에 이런 음식에 지속적으로 노출되면 뇌 신경망 발달을 방해하여 틱장애, ADHD, 발달장애와 같은 다양한 뇌 불균형 문제를 야기합니다. 생활 속에서 뇌에 안 좋은 음식을 제한하고, 뇌에 도움이 되는 음식을 골고루 섭취하면 뇌 불균형의 문제를 예방하고 개선하는 데 도움을 받을 수 있습니다.

과자, 라면, 햄, 소시지 같은 가공식품과 방부제, 인공색소, 조미료, 트랜스 지방과 같은 화학첨가물이 든 식품은 최대한 피해야 합니다. 또한 면, 빵과 같은 밀가루 음식은 글루텐이라는 성분으로 인해 장내 염증과 소화장애를 일으킬 수 있기 때문에 피하는 것이 좋습니다.

하얀 설탕, 백미 같은 정제당과 정제탄수화물은 몸의 혈당수치를 급격히 높이고 중독성을 일으켜 식탐을 증가시키고 급격한 공복감, 식곤증, 브레인포그 등을 만들고 나아가 비만, 알레르기, 고지혈증 등의 문제를 일으킬 수 있기 때문에 식단 조절 시 특히 중요합니다. 하얀 설탕 대신 프락토 올리고당이나 알룰로스, 스테비아와 같은 대체당을 활용하거나 백미 대신 현미밥, 잡곡밥을 먹는 것이 좋습니다.

콩기름이나 카놀라유, 포도씨유 등 식물성 기름은 건강에 좋은 것처럼 알려져 있지만, 가열 시 쉽게 산화되어 유해 물질을 만들 수 있기 때문에 기버터나 라드유(돈지), 아보카도유 등 고온에서 산화되지 않는 기름을 사용하는 것이 좋습니다.

또한 우유는 카제인과 락토스 같은 성분이 염증 혹은 알레르기 반응을 일으키기도 합니다. 민감성을 가지고 있거나 알레르기, 비염, 아토피 등이 있다면 섭취를 제한하거나 산양유나 A2 우유, 오트 밀크, 아몬드 밀크로 대체하는 것이 좋습니다.

뇌 발달을 방해하는 식품	
가공식품	과자, 젤리, 라면, 가공육, 햄, 소시지, 훈제 고기
화학첨가물	인공방부제, 인공색소, 통조림, 조미료, MSG, 트랜스지방, 마가린, 가공버터
밀가루	흰 밀가루, 빵, 국수, 튀김, 피자, 햄버거
정제탄수화물	백미, 쌀국수, 쌀떡
정제당	하얀 설탕, 탄산음료, 주스, 과당, 아스파탐
식물성 기름	콩기름, 옥수수기름, 카놀라유, 포도씨유, 팜유
유제품	우유, 탈지분유, 가공치즈

　뇌는 60퍼센트가 지방으로 구성되어 있기 때문에, 엑스트라 버진 올리브오일이나 MCT오일, 대구간유, 생들기름 등 좋은 지방을 충분히 섭취하는 것은 매우 중요합니다. 또한 오메가3가 풍부한 연어, 고등어, 참치 같은 등 푸른 생선이나 신경을 안정시키는 가바 성분이 포함된 가바 현미, 아스파라거스, 표고버섯 등도 좋습니다. 소고기와 돼지고기는 사료를 먹여서 키우지 않고 방목하여 키운 목초 사육우나 이베리코 돼지고기를 섭취하는 것이 좋습니다. 또한 호두, 아몬드, 마카다미아, 캐슈넛 같은 견

과류와 브로콜리, 올리브, 청경채, 케일, 비트, 토마토, 아보카도, 블루베리, 크랜베리와 같은 채소 과일류도 좋습니다. 장을 '제2의 뇌'라고 보는 장뇌축 이론에 따라 건강한 장내 환경을 위한 그릭 요거트, 낫또, 청국장, 김치 같은 발효 식품도 충분히 섭취하는 것이 좋습니다.

뇌에 좋은 식품	
곡물	가바현미, 발아현미, 귀리, 흑미, 퀴노아, 렌틸콩, 병아리콩
지방	엑스트라버진 올리브오일, MCT오일, 아보카도오일, 대구간유, 생들기름, 기버터
견과류	호두, 아몬드, 피스타치오, 캐슈넛, 브라질넛, 피칸, 마카다미아, 아마씨
생선	연어, 고등어, 참치, 꽁치, 정어리, 청어, 삼치, 장어, 멸치, 대구, 굴비, 가자미
고기	목초사육우, 이베리코 돼지고기, 양고기, 오리, 내장류
채소	브로콜리, 컬리플라워, 올리브, 아스파라거스, 팽이버섯, 양송이버섯, 새송이버섯, 참나물, 시금치, 청경채, 케일, 비트, 로메인
과일	토마토, 아보카도, 블루베리, 크랜베리, 블랙베리, 아사히베리
대체당	프락토올리고당, 알룰로스, 천연 꿀, 스테비아, 자일리톨, 나한과, 토디팜재거리

소금	죽염, 핑크솔트, 천일염
식초	애플사이다, 발사믹
발효식품	그릭 요거트, 낫또, 된장, 청국장, 김치
기타	달걀, 사골국, 다크 초콜릿, 콤부차, 강황, 초석잠, 천마

☑ 부록 4 : 전두엽 발달 훈련

색에 대한 단어를 적되, 그 단어가 의미하는 색상과는 다른 색상으로 종이 위에 적어둡니다. 그리고 다음과 같은 방법으로 종이 위에 적힌 글자 혹은 색상을 읽도록 합니다.

예시 보기

① 책 읽듯이 왼쪽에서 오른쪽 순으로 글자를 읽습니다. 이때는 색상은 신경 쓰지 말고, 쓰여 있는 글자를 그대로 읽으면 됩니다.

② 왼쪽에서 오른쪽 순으로 글자가 아닌 색상을 읽습니다. 첫째 줄을 예로 들으면 파랑, 노랑, 빨강 순서가 아닌 빨강, 파랑, 노랑으로 읽으면 됩니다.

③ 왼쪽에서 오른쪽으로 읽는데 검은색이 아닌 색깔이 있는 글자는 색상을 말하고, 검은색 글자는 단어를 그대로 읽습니다.

④ 왼쪽에서 오른쪽으로 순서로 보면서 '파랑'이라는 단어만 찾아서 읽는데 글자가 아닌 색상으로 말합니다.

⑤ 밑에서부터 거꾸로 읽되, 글자가 아닌 색상을 말합니다.

이런 방법을 다양하게 응용하여 아이에 맞게 연습합니다.

이 훈련법은 전두엽 기능을 평가하는 스트룹 검사(Stroop test)를 응용한 것인데요. 여러 가지 자극에 대한 억제와 실행을 담당하는 전두엽 기능을 평가하는 검사입니다. 전두엽 기능이 약하다면 오류가 반복되고 속도가 느려지는 등의 어려움이 있을 수 있습니다. 아이가 힘들어할 경우는 한두 줄만 연습해보는 식으로 난이도를 조절하고 잘했을 때는 아이가 좋아하는 보상을 활용합니다. 아이가 익숙해진다면 수준에 따라 글자 수와 색상을 늘리고, 더 오랜 시간 동안 반복하거나 속도를 높이면서 훈련할 수 있습니다.

☑ 부록 5 : 부모들이 가장 궁금해하는 질문들

아이들의 뇌 균형 발달을 치료하는 과정에서 일반적으로는 설명이 안 되는 신기한 현상이 종종 일어납니다. 뇌의 특성을 이해하지 못하면 설명하기 어려운 현상들인데요. 치료 효과가 없다거나 부작용으로 오해를 받을 수도 있지만, 두뇌의 신경망이 연결되는 과정에서 일어나는 뇌 발달 현상입니다.

Q1. 아이가 퇴행 행동을 해요.

초등학교 6학년 성민이는 짜증과 분노가 심하고 집중력이 부족해서 찾아왔습니다. 특히 엄마에 대한 분노가 너무 심해 사춘기 때문인가 해서 심리 치료도 받아봤지만, 별 소용이 없었습니다. 엄마를 대하는 말투가 매우 거칠고 위협적이었고, 화가 나면 엄마를 때리기까지 했습니다. 엄마는 아이가 무섭다고 했습니다. 그랬던 성민이가 치료를 시작하고 한 달 정도 지나면서 갑자기 일곱 살 아이처럼 애교를 부리고 잘 때도 옆에서 안아달라고 응석을 부리는 퇴행 행동을 보였습니다. 어머니는 놀라서 상담을 요청했습니다.

A. 치료를 하다보면 갑자기 퇴행한 듯 어린아이 같은 행동을 하는 경우가 있습니다. 부모 입장에서는 치료가 잘못된 건 아닌지 놀랄 수밖에 없는데요. 이것은 두뇌 발달이 제대로 되지 않았던 영역이 비로소 발달을 시작하면서 나타나는 현상입니다. 성민이의 어린 시절 성장 과정을 체크해보니 어려서부터 감정 표현이 거의 없었고 스킨십도 좋아하지 않았다고 합니다.

"어머님, 성민이는 어렸을 때부터 두뇌의 감성 영역이 잘 발달하지 않았어요. 그러다보니 엄마와의 정서적 교감이 충분하지 않았고, 그게 자라면서 엄마에 대한 분노와 폭력으로 드러나고 있었던 겁니다. 닫혀 있던 뇌 영역이 발달을 시작하면서 감성 발달을 위해 진작 나왔어야 하는 애교나 응석, 스킨십 같은 행동이 이제야 나타나는 겁니다."

성민이가 퇴행 행동을 보인 이유에 대해서 설명하자, 어머니는 어렸을 때의 발달 상황과 현재의 상황이 모두 이해된다며 안심했습니다. 하지만 덩치가 큰 남자아이가 안아달라고 하니 부담스럽고 어색하다고 했습니다.

"일곱 살 때 성민이의 모습을 상상하며 안아주세요. 어린 시절 성장이 멈춰 있던 감성 영역이 이제야 발달하려고 하는 거니까 당분간 많이 안아주고 어렸을 때 채워주지 못했던 사랑을 충분히 표현해주세요."

성민이의 감성 영역이 발달하면서 엄마에 대한 폭언과 폭력은 사라졌고, 두뇌가 균형 있게 발달하면서 집중력도 몰라보게 향상되었습니다.

Q2. 갑자기 과거 기억을 이야기해요.

발달지연으로 또래보다 2년 정도 늦되었던 초등학교 3학년 윤우는 평소에 인지 발달이 늦다보니 학교에서 있었던 일을 물어봐도 잘 이야기하지 못하고 방금에 배운 내용도 잘 기억하지 못했습니다. 그랬던 윤우가 어느 날 갑자기 여섯 살 때 억울했던 기억을 떠올리기 시작했다고 합니다. 아이가 그 당시 상황과 엄마가 자기에게 했던 말까지 구체적으로 이야기하면서 자꾸 짜증을 낸다면서 상담을 요청했습니다. 어머니는 전혀 기억나지 않는 일인데 왜 갑자기 과거 이야기를 자꾸 꺼내는지 모르겠다고 걱정했습니다.

A. 치료 과정에서 갑자기 과거 기억을 선명하게 떠올려 당시 상황을 구체적으로 말하고 그때의 생각과 감정에 대해서 한동안

이야기하는 경우가 있습니다. 이는 인지 영역이 확장되어 과거 기억들과 신경망이 연결되면서 나타나는 긍정적인 현상입니다. 이러면서 아이들의 두뇌에 '과거'라는 개념이 만들어집니다.

"윤우의 두뇌가 더욱 발달하면 인지 영역이 더 확장되면서 장래희망이나 꿈과 같은 미래에 대한 이야기도 할 거예요."

윤우의 뇌 안에서 벌어지는 변화에 대해 설명하니 두뇌 발달이 잘 이뤄지고 있다는 사실에 보호자도 기뻐했습니다. 아이의 말과 행동은 뇌 안의 변화를 알아차릴 수 있는 단서가 됩니다.

Q3. 사라졌던 문제 증상이 다시 나타났어요.

치료를 잘 받던 초등학교 2학년 서진이가 갑자기 밤에 소변 실수를 한다며 보호자가 걱정스럽게 상담을 요청했습니다. 자세히 확인해보니 일곱 살까지 밤에 소변을 못 가리다가 초등학교 1학년이 되어서야 가릴 수 있게 되었는데, 치료를 시작하면서 좋아졌던 야뇨증이 다시 나타났다고 합니다.

A. 치료 과정에서 사라졌던 과거의 문제 증상이 다시 나타나는 경우가 있습니다. 뇌 발달을 돕는 치료를 받고 있는데 문제

증상이 다시 나타난다는 점이 일반적으로는 쉽게 이해가 되지 않을 것입니다. 이런 경우 신경망이 충분히 발달이 만들어지지 않은 부실한 상태에서 다음 단계로 발달이 진행되었기 때문입니다. 예를 들어 포대에 쌀을 담다가 한 번씩 포대를 탁탁 쳐서 정리하면 높이가 낮아지는 경우처럼, 엉성하게 만들어진 신경계가 충실하게 다져지는 과정에서 나타나는 현상이지요. 서진이의 야뇨증은 한 달 정도 지속되다가 약했던 신경들이 충실하게 채워지고 나니 다시 사라졌습니다. 긴장하면 소변을 보러 한 시간에 대여섯 번씩 화장실에 가야 했던 빈뇨 증상도 함께 호전되었습니다.

Q4. 한약을 먹는데 요즘에 더 피곤하다고 해요.

음악을 전공하는 중학교 2학년 예린이는 치료를 5개월 정도 진행해왔는데, 어머님이 상담을 요청했습니다. 처음 한약을 복용할 때는 짜증도 줄고 체력도 올라가는 게 느껴졌는데, 요즘에는 피곤하다고 말하는 경우가 늘었다면서 왜 그런지 의아하다며 전에 복용하던 한약과 성분이 달라졌는지 문의했습니다.

A. 치료를 통해 뇌 기능이 향상되면 아이들은 갑자기 뇌를 더 적극적으로 사용하기 시작합니다. 전보다 집중력이 증가하면서 같은 시간 대비 학습량이 증가하거나 전체적인 공부 시간이 늘어나면서 피로감을 더 호소하는 경우가 있습니다.

"어머님, 혹시 예린이가 최근에 전보다 연습 시간이 늘어나진 않았나요?"

"네 맞아요. 전에는 학교 끝나고서 2~3시간 정도 연습했는데, 요즘 3~4시간으로 더 늘긴 했어요. 전에는 연습하기 싫다고 짜증을 많이 냈는데, 요즘은 짜증도 안 내고 주말에도 늦게까지 연습하고 들어오더라고요."

예린이도 뇌 기능이 올라가다보니 더 잘해보겠다는 욕심이 생겨 스스로 연습 시간을 늘린 것입니다. 자연스레 뇌를 더 많이 사용하다보니 당연히 피곤함도 같이 증가한 것이죠. 두뇌의 신경망이 발달하면, 할 수 있을 것 같다는 긍정적인 느낌이 올라오면서 좀 더 능동적이고 적극적으로 행동하게 됩니다. 결국 더 많은 에너지를 사용할 수밖에 없습니다. 이때 너무 무리하게 욕심을 내면 좋아지던 흐름이 꺾어버릴 수 있기 때문에 적절한 휴식과 페이스 조절이 필요합니다. 그러지 못할 경우는 한약의 복용량을 늘리기도 합니다.

Q5. 치료해서 좋아진 건지, 성장하면서 자연스레 좋아진 건지 모르겠어요.

또래보다 언어 발달이 늦고 친구들과 잘 어울리지 못해 학교 적응을 힘들어했던 초등학교 1학년 동준이는 치료를 받은 뒤 언어 표현이 좋아지고 친구들과도 잘 어울리게 되었습니다. 그런데 보호자는 동준이가 좋아진 이유가 치료를 받아서인지 아니면, 성장하면서 자연스럽게 나아진 건지 모르겠다며 의문을 가졌습니다.

A. 두뇌를 치료하면서 곤란할 때는 아이가 좋아졌는데도 불구하고 치료 때문에 좋아진 것인지, 아니면 아이가 크면서 그냥 좋아진 것인지를 부모님이 헷갈려 하는 경우입니다. 뇌의 발달 정도를 눈으로 확인할 수 있는 별다른 기준이 없기 때문입니다. 그럴 땐 쌍둥이 아이들을 치료했던 이야기를 드립니다.

한 아이가 치료를 받았을 때와 그냥 두었을 때를 직접 비교하는 것은 불가능합니다. 하지만 만약 일란성 쌍둥이 중 한 아이는 치료하고, 다른 아이는 치료하지 않고서 비교해본다면 두 경우의 차이를 비교하는 것이 가능합니다.

요즘은 시험관으로 임신을 하는 경우가 많다보니 쌍둥이가 많습니다. 쌍둥이 중 한 아이가 다른 아이보다 태어날 때부터 잔병 치레도 많고 발달도 늦어서 치료를 받고자 찾아오는 경우가 있습니다. 쌍둥이는 유전 정보가 같으니 외모와 체형이 거의 똑같지만, 검사해보면 발달이 더딘 아이에게서 뇌 불균형 요인이 많이 관찰됩니다.

치료를 시작하고서 보통 3~6개월 정도 지나면 문제 증상이 개선되면서 늦었던 뇌 발달 영역이 채워져 올라옵니다. 그러면서 발달이 늦었던 아이가 다른 쌍둥이와의 차이를 채우고 어느 순간부터 더 나은 발달을 보이기 시작합니다. 이렇게 쌍둥이를 치료해보면 두 아이를 비교하여 치료 효과를 명확하게 확인할 수 있습니다.

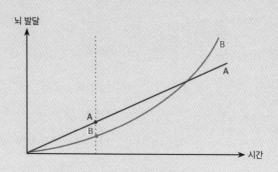

A = 뇌 발달이 정상적이었던 쌍둥이 형제
B = 뇌 발달이 늦었던 쌍둥이 형제

336

치료를 받는 아이의 두뇌가 발달하고 좋아지는 것을 명확히 알 수 있다보니, 부모님이 다른 아이도 같이 치료를 받겠다고 해서 쌍둥이가 함께 치료받는 경우도 많습니다.

이러한 임상에서의 쌍둥이 실험을 통해 뇌 불균형이 아이들의 발달에 어떤 영향을 주는지, 치료가 아이들의 두뇌 발달에 실제 얼마나 효과가 있는지 비교해볼 수 있었습니다.

Q6. 사시와 난청을 수술하러 갔는데 그냥 돌아가래요.

다섯 살 발달장애 승민이는 틱장애가 너무 심해서 저를 찾아왔습니다. 자기 얼굴을 때리고 머리를 벽에 박는 행동을 반복해서 얼굴이 멍들고 부은 상태였습니다. 대학병원에서 처방받은 정신과 약을 써봐도 소용이 없었습니다. 또한 승민이는 청각 신경이 발달하지 않아 대학병원에서 인공 와우 수술을 해야 한다고 해서 6개월 후 수술 날짜가 잡혀 있다고 했습니다.

A. 뇌 불균형 문제를 가진 아이들 중에는 약시나 사시, 난청 같은 신경 발달 문제를 동반한 경우가 있습니다. 보통 6개월마다 한 번씩 검사하여 개선되지 않으면 수술해야 합니다. 뇌 발달

을 도와주다보면 틱장애뿐만 아니라 시각이나 청각 신경 발달도 함께 좋아지는 경우도 있으니, 승민이 부모님에게 치료하면서 함께 지켜보자고 말씀드렸습니다.

승민이의 경우 치료를 진행하며 다행히 틱 증상이 개선되어 자신의 얼굴을 때리는 강도와 횟수가 줄어들었습니다. 치료 경과가 좋아서 안심하고 있었는데, 어느 날 어머니가 급하게 상담을 요청했습니다.

"수술 날 병원에 갔는데 원장님 말씀대로 정말 수술을 안 해도 된다고 해서 그냥 돌아왔어요. 수술 전 검사에서 갑자기 청각 신경이 좋게 나온 거예요. 청각 신경이 갑자기 좋아질 수는 없고 아마 결과가 잘못 나온 것 같다고 해서, 세 번이나 검사를 다시 받았어요. 그런데도 결과가 좋게 나와서 수술하지 않고 그냥 돌아가도 된다고 하더라고요."

물론 뇌 발달 치료를 통해 모든 사시나 난청이 치료된다고 말할 수는 없습니다. 다만, 약한 부분의 뇌 발달이 잘 일어날 수 있도록 최선을 다하면 내면의 생명력이 발현되면서 현대 의학으로는 불가능하다고 생각되는 기적 같은 일이 일어나기도 합니다.

Q7. 주변에서 얼굴이 잘생겨졌다는데 이게 가능한가요?

ADHD로 치료를 받는 중학생 유진이의 부모님이 상담 중에 요즘 주변에서 유진이가 예뻐졌다는 이야기를 많이 듣는다면서 "이것도 치료 효과일까요?"라며 웃으며 물었습니다. 매일 보는 부모의 입장에서는 차이를 비교하기 어렵지만, 오랜만에 보는 친척이나 이웃들은 아이의 달라진 모습에 대해 이야기합니다.

A. 뇌 균형 발달을 돕다보면 주변에서 아이가 잘생겨지고 예뻐졌다는 이야기를 많이 듣게 됐다는 사례를 많이 접합니다. 처음에는 그냥 인사치레로 생각하다가도 여러 사람에게 반복해서 들으면 이 또한 뇌의 변화 덕분임을 알게 됩니다. 뇌 불균형이 심한 아이들은 평소 체형이나 얼굴의 비대칭이 심하고 생활 속 자세가 좋지 않습니다. 게다가 눈에도 힘이 없고 표정도 무표정하거나 무기력한 경우가 많습니다. 뇌 균형이 회복되면 점차 아이의 자세가 반듯해지고 눈빛에 힘이 생기며 인상이 바뀝니다. 처음 검사했을 때와 6개월 후를 비교해보면 마치 다른 사람인 것처럼 얼굴이 바뀌어 있는 경우가 많습니다. 얼굴이 '얼(영혼)'을 담는 그릇이라고 하는데 어찌 보면 '뇌'가 담겨 있는 그릇이라 볼 수 있는 것이죠.

결국 해내는 아이들의 비밀

초판 1쇄 발행 2025년 6월 10일

지은이 노충구
펴낸이 최지연
편집 김민채
마케팅 김나영, 윤여준, 김경민
경영지원 강미연
디자인 표지 [★]규, 본문 수오

펴낸곳 라곰
출판신고 2018년 7월 11일 제 2018-000068호
주소 서울시 마포구 큰우물로 75 성지빌딩 1406호
전화 02-6949-6014   팩스 02-6919-9058
이메일 book@lagombook.co.kr

ⓒ 노충구, 2025

ISBN 979-11-93939-28-4 03590